殯葬
生死觀
Funeral Life-Death View

尉遲淦◎著

「生命關懷事業叢書」總序

　　「仁德醫護管理專科學校」自1967年創校以來，其經營永續校園之發展利基，始終秉持著「仁心德術、博施濟眾」的「人文關懷」信念，作為涵融「理論實務」之「專業化」的核心價值；同時自民國1999年改制專科學制以來，即致力於以推展醫護類科技職體系為本，專業領域涵蓋多元。爾後學校感於「死生亦大矣，而不得與之變；雖天地覆墜，亦將不與之遺。」所謂生命隨化而終，是人生之所必經，卻也是「死者已矣，生者痛哉」的事實；且「養生送死」乃「生之大事」，而「慎終追遠」更是植根於傳統禮教之普遍，遂於2009年設立全國唯一，具特色典範之「生命關懷事業科」，作為「生死教育」、「人文關懷教育」之延展。

　　「生命關懷事業科」設立之初，不但致力於「專業領域」之培育，同時不斷藉由產學合作戮力於殯葬業之改革，先後設立「死亡體驗教室」之「生前教育」，協助學生打破死亡禁忌，培養學生對於「往者」更具「尊重」與對「生者」更具「關懷」的生命價值觀，以為未來專業領域之投入的人文根基；此外更配合政府推動現代化殯葬設施及優質化殯葬服務之政策，推動殯葬從業人員專業化，提升殯葬服務品質，特設立

各種殯葬專業教室,以培養殯葬專業人才。歷經不斷突破與推展七年以來,於生死禁忌之打破、專業人才之培養上,以及相關學術之研究,皆呈初步美好成效,同時集結成《殯葬生死觀》、《綠色殯葬》、《殯葬服務的悲傷輔導》叢書出版,以為未來「他山之石」之用。

《殯葬生死觀》一書(尉遲淦老師),乃就殯葬生死觀的起源、存在意義、推展科學層面,以及基督教、佛教、道教之死生安頓的生死觀,同時與傳統禮俗的殯葬觀合而觀之,進而思考其適切性與現代性。

《綠色殯葬》一書(邱達能老師),主要就「推動環保自然葬、節用土地資源」之層面,就綠色殯葬業的興起作法、思想依據、生死安頓做一系列的探討與研究,同時結合道家莊子「安時處順」的生死觀,及莊子「自然葬」精神之於現代「綠色殯葬」之思想意涵的根源與實務面,做一深層思考。

《殯葬服務的悲傷輔導》一書(鄧明宇老師等),旨就「死者已矣,生者痛哉」之心理層面,針對生者經歷目睹親人、戀人等關係親近者之驟然死亡的創傷事件後,導致出現創傷後壓力症候群(PTSD)的認知與理解,探討禮儀師之於臨終關懷與悲傷輔導的可能性,同時藉由訪談資深殯葬禮儀人員「悲傷輔導」之作用經驗,以及經驗性文本的探討分析,強調「尊重」與「關懷」之實務輔導之於「往者」與「生者」的重要性。

所謂學而優則仕,「生命關懷事業科」諸位專業教師,在邱達能主任的帶領下,不但致力於專業領域的教學,同時結合產學合作,推展至「殯葬生死觀」、「綠色殯葬」以及「殯葬服務的悲傷輔導」之學術研究,其成效之於學校教育與社會服務,皆為美事一樁,值得欣慰。

　　爰此,本人特別感謝尉遲淦、邱達能、鄧明宇等教師,之於殯葬學術研究的孜孜矻矻,及揚智編輯群之於此叢書之協助出版;同時期勉「生命關懷事業科」能百尺竿頭持續研究,讓有系統的「殯葬文化」,能隨這套「生命關懷事業叢書」並蒂而生,為學術教育打開一扇窺探「殯葬文化與服務」的明窗。

仁德醫護管理專科學校

校長 黃柏翔 謹誌

自 序

　　本書的成形也是經過相當長的時間。本來這樣的探討只是一種生死觀的探討，不過後來隨著對殯葬認知的加深，開始覺得這樣的探討是不夠的。因為一般生死觀的探討可能會讓我們產生認知的興趣，但是無論興趣有多大，這樣的探討畢竟和個人生死的安頓無關。因此，經由這樣的體認，我們開始思考哪一種生死觀的探討，才會和個人的生死安頓產生關聯？

　　經過長期的思考，我們終於發現要和個人生死的安頓產生關聯，就不能不理會殯葬的選擇，因為在殯葬處理中個人的生死同時也獲得了安排。只是這種安排是否適切、能否解決我們的生死問題，就要看我們對這樣的選擇瞭解多深而定。如果我們瞭解的只有技術，那麼這樣的認知將無法安頓個人的生死。如果我們不想這樣，那麼就必須深入與之相關的殯葬生死觀。唯有如此，我們的生死問題才能獲得解決，也才能夠經由體悟安頓個人的生死。所以，這就是這本書變成系統探討殯葬生死觀的緣由，也希望對這個領域能夠盡點開路先鋒的心力。

　　最後，除了要感謝家人與朋友的支持外，更要感謝仁德醫護管理專科學校生命關懷事業科邱達能主任的邀約，這本書才有寫作的動力。

此外，也要感謝揚智文化負責編輯的同仁，沒有他們的付出，這本書是很難順利出版的。當然，對於教育部的經費補助，我們更是銘感在心！

尉遲淦謹序
2016年12月

目　錄

8

第一章

殯葬生死觀的出現

死亡禁忌下的殯葬處境

生死學的出現與殯葬的發展

殯葬生死觀的存在

第一節　死亡禁忌下的殯葬處境

　　不管我們喜不喜歡死亡，到頭來死亡還是要來的。一旦死亡來臨時，我們只有接受的份。雖然從古至今有多少人希望能夠逃離死亡的結局，但是到目前為止從來沒有人成功過。即使到了今天，科學如此的發達，甚至於已經有了改造基因的技術，然而逃離死亡的嘗試仍然沒有成功的可能。相反地，基因改造的技術卻告訴我們死亡就是這樣的技術的限度[1]。因此，死亡對於人類而言是一個很大的困擾。

　　面對這個困擾，如果人類不加以處理，那麼人類在日常生活中就會很難順利地生活。為了讓人類可以避開死亡的陰影順利地活下去，古代的人只好想方設法來解決這個問題。對他們而言，他們沒有現代的科學可以利用。就算他們有科學可以利用，也沒有辦法解決問題。他們雖然有宗教可以利用，但是宗教超越死亡的結果至今還是沒有辦法證實。所以，對他們而言，積極解決死亡的方法既然沒有辦法確認，那麼就只能使用消極的方法。換句話說，就是使用逃避死亡的禁忌做處理。

　　可是，這種處理的結果雖然可以讓我們暫時避開死亡的威脅，卻也讓我們在遭遇死亡的威脅時不知如何是好。所以，為

---

[1] 請參見尉遲淦編著（2007）。《生命倫理》。台北市：華都文化事業有限公司，頁177-179。

了解決這樣的問題，古代的人就想到設計一套處理死亡的方法，讓我們在遭遇死亡的問題時不至於驚慌失措，而有能力加以解決。對我們而言，這一套處理的方法就是傳統禮俗。當我們遭遇死亡的問題時，平常雖然採取逃避的態度，但是這時卻可以藉著這一套方法解決死亡的問題。因此，在這種情況下，我們可以安心地面對死亡的威脅。

表面看來，這種處理的方式似乎非常地不錯。因為，它不只讓我們在日常生活當中避開死亡的威脅，還讓我們在遭遇死亡的威脅時可以有能力加以處理。因此，我們對於這種死亡禁忌與傳統禮俗配套的做法似乎只能接受而不應該心生任何怨言。可是，只要我們繼續深入探究，就會發現這樣的配套做法還是有它可能存在的缺點。

首先，我們看到的第一個缺點就是這種配套的做法雖然可以幫我們解決死亡的問題，但是一旦真的遭遇死亡時我們還是會受到死亡的衝擊而不知所措。如果我們真的要處理死亡的問題，那麼就不能在死亡禁忌的保護傘下等到死亡來臨時再面對，而要在平常就有所準備。這麼一來，當死亡來臨時才不會驚慌失措。

其次，我們看到的第二個缺點就是這種配套做法只是一種執行的方案，並不是一種認知的方案。因此，在執行時執行人或配合的人都不知道為什麼這套方案要這樣設計，這樣設計的理由是什麼，要解決什麼樣的問題。在這種情況下，參與執行

的人只是糊裡糊塗地配合，結果原先設計這套方案的人所希望達成的成效完全沒有辦法實現出來。所以，為了讓這套方案可以達成預期的成效，我們需要從認知的角度重新活化這套方案。

最後，我們看到的第三個缺點就是這種配套的做法針對的是一般的狀況，而不是個別的狀況。在古代，這種針對完全沒有問題。因為，古代的人面對死亡的問題基本上是差不多的。可是，現代的人就不一樣，他們在面對死亡的問題時各有各的需求與重點。因此，我們在處理時就不能一視同仁，而要針對不同的個別狀況。既然如此，我們就不能只針對某一狀況做處理，而要針對個人的不同狀況。如此一來，我們就不能只依靠這一套做法。

那麼，我們要如何改善這樣的缺點呢？本來，改善缺點最好的做法就是了解缺點。因為，只有在了解缺點為何之後才有機會改善。可是，要了解缺點之先就必須面對。問題是，這套做法的特點就是不要我們事先面對。在無法事先面對的情況下，我們就沒有改善的可能。如果真的要面對，那麼就必須先打破死亡的禁忌。否則，在死亡禁忌尚未打破的情況下，要大家去面對死亡的問題是一件緣木求魚的事情。

這麼說來，死亡禁忌似乎沒有打破的可能性。其實，實際情形也未必如此絕望。其中，最主要的理由是學術的介入。只要學術願意介入，那麼死亡禁忌的打破就會出現曙光。那麼，

為什麼我們會這麼說呢？這是因為學術可以帶來知識，而知識可以帶來改變的力量[2]。一旦在學術上出現了缺口，那麼死亡禁忌的打破就指日可待。

可惜的是，在死亡禁忌的影響下，學術並沒有突破的打算。相反地，學術還是臣服於這樣的影響之下，認為有關死亡的問題還是不要碰觸為妙。在這種情況下，除了民俗的研究、人類學的研究、社會學的研究、國學的研究等等之外，就沒有一門學術是專門針對死亡做研究的，更沒有一門學術認為死亡的問題是需要根據上述的要求加以解決的。既然沒有這樣的學術研究，那麼死亡禁忌的打破就變得遙遙無期。雖然科學一直認為死亡禁忌只是一種迷信，但是這種認定並沒有辦法對上述的缺點問題提供實質改善的作用。如果真的要產生改善的作用，那麼就必須等到生死學的出現才有可能。

 ## 第二節　生死學的出現與殯葬的發展

那麼，為什麼生死學的出現就會有可能呢？對於這個問題，如果我們加以細究，就會發現沒有表面看的那麼簡單。表面看來，生死學的出現似乎帶來打破死亡禁忌的契機。因為，

---

[2] 因為知識就是設法讓問題透明化的工具，一旦問題透明化，隱藏其中的秘密自然就會被揭穿，這時禁忌想要隱藏的秘密就無所遁形。在沒有秘密的情況下，禁忌想不被打破都很難。

從事實演變的觀點來看，在民國八十二年之前，死亡禁忌一直都是台灣人面對死亡的基本態度。雖然在西方科學教育的教導下，我們都知道面對死亡時不應該採取禁忌的態度，但是只要真的面對死亡時我們不知不覺就開始進入禁忌的氛圍當中，把死亡當成一個禁忌的話題，認為如果要面對死亡的問題，也應該等到死亡來臨的時候，完全不需要太早去討論。

在這種態度的影響下，社會上瀰漫著死亡禁忌的氛圍。如此一來，要打破死亡的禁忌幾乎就不可能。幸好，在這種不可能的情況下，出現了一種可能性。就是民國八十二年，在美國任教哲學的傅偉勳教授，挾著他在哲學上的成就，帶進了死亡學的授課經驗，出版了一本書《死亡的尊嚴與生命的尊嚴——從臨終精神醫學到現代生死學》，再加上當時台灣大學心理學系的楊國樞教授和余德慧教授在通識課程上配合開設與生死學有關的課程，一時之間造成生死學的風潮[3]。就這樣子，在不知不覺當中有關死亡的禁忌逐漸被打破了。

不過，只要我們深入了解，就會發現實際情形遠比這樣的了解更加複雜。雖然學術界的改變是一個很重要的因素，但是只有學術界的改變並不足以造成這麼大的改變。真的讓死亡禁忌得到很大的突破，其實還有其他的現實因素。根據我們的了解，這個因素就是罹癌死亡的因素。對民國八十二年以前的人

---

[3] 請參見傅偉勳著（1993）。《死亡的尊嚴與生命的尊嚴——從臨終精神醫學到現代生死學》。台北市：正中書局，頁4-6。

而言，癌症死亡率雖說早已高居第一位長達十一年之久，但是由於罹癌人數一直都沒有那麼多，所以社會大眾尚未正視這個問題。可是，到了民國七十九年，台北馬偕醫院開設安寧病房之後，就表示罹癌人數已經到了一個不可不正視的數目[4]。因此，到了民國八十二年，傅偉勳教授出版這本書以及楊國樞教授和余德慧教授開設生死學的相關通識課程以後自然就引起廣大的迴響，造成社會上一股生死學的熱潮。

　　由此可見，死亡禁忌不是不能打破。只是這樣的打破，需要社會上一些條件的配合。當這些條件還沒有成熟之前，想要打破死亡禁忌幾乎是不可能的。可是，一旦條件成熟了，想要不打破都很困難。所以，當社會上罹癌人數達到一個不得不正視的數目時，罹癌患者的家屬為了讓親人可以走得好一點，他們在親人死亡之前就開始為親人的死亡做準備。這種為死亡做準備的作為，就讓他們不得不打破過去的死亡禁忌。否則，他們就沒有辦法讓他們的親人走得好一點。

　　可是，只有這樣還不夠。因為，打破死亡禁忌雖然可以讓罹癌病人的家屬提前面對死亡，但是只有時間的提前並沒有意義。如果要讓時間的提前產生意義，那麼就必須設法改善現有的殯葬服務。唯有改善現有的殯葬服務，那麼罹癌病人才有善終的可

---

[4] 到了民國七十九年，癌症致死的人數已經高居所有死亡數的第一位，約占17.81%。換句話說，每五到六人當中就會有一人是死於癌症，比例不可謂不高。

能。要不然在現有的服務作為下，罹癌病人就算回到家中死亡，這種死亡也只是形式上的善終，並沒有辦法實現真正的實質善終[5]。但是，對罹癌病人而言，實質的善終是很重要的。如果缺乏這樣的善終，那麼他們這一生可能就會白過。對他們而言，這種否定的打擊不是他們所樂見的，也不是他們的親人所樂見的。因此，為了改善這樣的處境，有關死亡禁忌的打破還要有更積極的作為。

到了民國八十六年，這種生死學熱潮的成果終於匯聚成南華管理學院的生死學研究所（也就是今日南華大學的生死學系前身）。最初，在課程的設計上，這個研究所的課程是以哲學第二所的方式設計的。可是，對於這樣的課程設計，教育部的審查委員是有意見的。對他們而言，哲學已經有了研究所，實在沒有必要再加設一個類似的研究所。所以，如果要設生死學研究所，那麼就必須在課程設計上加以區隔，證明生死學研究所和哲學研究所是不一樣的。基於這樣的要求，南華管理學院只好另行聘請鈕則誠教授重新設計課程。在這樣的機緣下，生死學研究所不只突破了死亡的禁忌，也把殯葬的課程納入課程的設計當中。就這樣，殯葬的學術在不知不覺當中進入了正式的學術殿堂。

當然，只有這樣的進入還不夠。如果只是這樣的進入，那

---

[5] 請參見尉遲淦著（2009）。《殯葬臨終關懷》。新北市：威仕曼文化事業股份有限公司，頁185-190。

麼無論這樣的進入到了什麼樣的程度，這樣的進入都只是附屬的進入。因為，生死學研究所畢竟是以生死學為主，就算我們把殯葬的課程納入，這種納入也無法讓殯葬成為一門獨立的學術。所以，為了讓殯葬成為一門獨立的學術，只有這種研究所課程進入的方式是不夠的，必須讓殯葬有另外一種完整的發展才有可能。

　　那麼，這種發展是什麼樣的發展呢？最初，在民國八十六年雖有國寶北海福座設系的報紙廣告呼籲，不過，這種呼籲廣告的效果要大於實質的效果。真正讓這種設系構想逐步落實的，則是南華管理學院的實際作為。在民國八十八年，除了生死學研究所開設了殯葬管理的課程外，當時的宗教文化中心也和中華往生文化協會合作開辦殯葬管理的研習課程。此外，生死學研究所更與寶山禮儀公司合作開辦殯葬八十學分班的課程。透過這些努力的嘗試，到了民國九十年，南華大學終於設立第一個與殯葬有關的生死管理學系。雖說這個系的課程在原先設計者尉遲淦教授的設計下是屬於殯葬科系的課程，但是受限於後繼者想法的不同，這樣的課程只存在了一年。到了民國九十一年，殯葬課程就受到了大幅的更動，不再與殯葬那麼直接相關[6]。

　　雖然如此，這不表示殯葬的發展就到此為止。實際上，這

---

[6] 請參見李民鋒總編輯（2014）。《台灣殯葬史》。台北市：中華民國殯葬禮儀協會，頁334-336。

只是後來發展的開端。到了民國九十六年，國立空中大學附設空中專科進修學校也開設與殯葬有關的生命事業管理科的課程。可惜的是，這個科的課程並不完整，只有二十個學分。到了民國九十八年，仁德醫護管理專科學校也設立了與殯葬有關的生命關懷事業科。除了在職班的二專學制外，到了民國一〇三年還成立了五專的學制，進一步完整基層殯葬服務人才的培養。此外，馬偕醫護管理專科學校也準備在民國一〇六年設立日間部的二專學制。

表面看來，科系的設立代表服務專業的完整與成熟。實際上，情況並沒有那麼樂觀。之所以如此，是因為與殯葬有關的相關專業知識與技能系統尚未建構完成。因此，在缺乏相關專業知識與技能系統的支持下，殯葬的上述缺點並沒有辦法隨著科系的設立而得到改善。所以，如果我們真的希望改善上述的缺點，那麼就必須進一步建構完成整個與殯葬有關的專業知識與技能的系統。

 ## 第三節　殯葬生死觀的存在

可是，要怎麼建構完成整個與殯葬有關的專業知識與技能系統呢？首先，我們可以針對與殯葬有關的問題著手。表面看

來，殯葬要處理的是孝道的問題[7]。既然是孝道的問題，所以我們一定要用傳統的禮俗來處理。如果不用傳統的禮俗來處理，那麼孝道的問題就沒有辦法解決。因此，過去在處理殯葬的問題時都會用傳統的禮俗來處理。這麼說來，傳統禮俗就是我們要建構完成的殯葬專業知識與技能的系統。

　　問題是，這樣的理解有沒有問題？就我們的了解，這樣的理解是有問題的。初步看來，傳統禮俗要處理的問題真的是孝道的問題。但是，只要我們進一步思考，就會發現這樣的理解是不夠的。因為，傳統禮俗之所以要處理孝道的問題，其實不是為了孝道的需要，而是為了家的傳承的需要。如果不是家的傳承要求，那麼孝道的出現就沒有意義。所以，傳統禮俗與其說是解決孝道的問題，倒不如說是解決家的傳承的問題[8]。

　　不過，只了解到這裡還不夠。因為，傳統禮俗雖然要解決的問題是家的傳承的問題，但是家的傳承的問題之所以會出現，並不是自然發生的，而是受到死亡出現的影響。今天，如果不是死亡的因素，說真的，家的傳承問題也不會存在。由此可見，傳統禮俗要解決的問題，嚴格來說，是和死亡有關的問題。就這一點而言，我們可以把殯葬要處理的問題界定為與死亡有關的問題。

---

[7] 同註6，頁194-195。

[8] 同註5，頁108-110。

　　既然如此，有關殯葬的專業知識與技能的建構就和死亡問題的解決有關。根據這樣的理解，我們接著要探討的就是與殯葬有關的專業知識與技能到底系統的核心是什麼？那麼，為什麼我們要探討這樣的問題呢？這是因為如果我們不探討這樣的問題，而把注意力放在整個系統上，那麼這樣的探討不但曠日費時，也不可能有好的效果。如果我們希望有好的效果，更希望這樣的探討是有意義的，那麼我們就只有從系統的核心部分探討起。畢竟系統的核心部分是整個系統的關鍵所在，它對於問題所提出的答案是會決定系統其他部分的內容走向。所以，如何找出整個系統的核心是我們目前要做的第一要務。

　　那麼，對整個殯葬的專業知識與技能的系統而言，它的核心是什麼？根據上面的敘述，整個殯葬處理根據的都是傳統禮俗的規定。這麼說來，傳統禮俗似乎就是整個殯葬專業知識與技能的核心。可是，如果我們採取這樣的理解方式，那麼整個殯葬就會像是建立在沙灘上的城堡。因為，對一般人而言，傳統禮俗之所以被認為是處理殯葬的標準，理由不在於傳統禮俗是多麼的合理，而在於傳統禮俗是過去人處理死亡的根據。換句話說，傳統禮俗之所以被接那只是因為它是傳統。

　　當然，有的人也可以為傳統禮俗提供合理的根據。例如把傳統禮俗看成是過去的人實驗的結果。如果這種實驗有問題，那麼過去的人早就放棄傳統的禮俗，不會讓傳統的禮俗繼續存在到今天。問題是，這樣的說法並不能真正證實傳統禮俗沒有

問題。因為，他們忘記了傳統禮俗要處理的問題是死亡的問題，而死亡的問題是不能用經驗證實的。所以，無論傳統禮俗流傳了多久，它都不能證明它是沒有問題的。唯一能夠證明它是沒有問題的方法，不是用時間的長短來證明，而要用問題是否得到合理的解決來證明。

就這一點而言，我們就不能把傳統禮俗看成是最後的根據，而要進一步反省傳統禮俗之所以合理的根據。根據我們的研究，傳統禮俗之所以有存在的價值是因為它是解決死亡問題的方法。如果真是這樣，那麼我們就要問這種解決的根據是什麼？為什麼我們會認為只要用傳統禮俗辦喪事死亡問題就可以獲得解決？這是因為傳統禮俗背後隱藏了某種生死觀，認為只要根據這樣的生死觀來處理死亡的問題，那麼死亡的問題自然就可以獲得解決。至於那一些不認可這樣生死觀的人，如果我們勉強用傳統禮俗來處理他們的殯葬事宜，那麼這種處理的結果不但沒有辦法安頓他們的生死，還會為他們的生死帶來極大的困擾。由此可見，生死觀才是決定我們殯葬處理是否合宜的標準，也才是整個殯葬的專業知識與技能的系統核心所在。

話雖如此，我們還是要進一步澄清一個觀念，就是生死觀固然是整個殯葬的專業知識與技能的系統核心，然而這不表示所有的哲學生死觀也一樣是殯葬的專業知識與技能的系統核心。事實上，能夠成為殯葬的專業知識與技能的系統核心只有少數與殯葬有關的生死觀，而不是任意的哲學生死觀。根據

我們的了解，這樣的生死觀不是來自於哲學生死觀本身，而是來自於不同的殯葬處理。按照這些殯葬處理的實際內容，我們才能從中逐步尋找與建構出與之相關的殯葬生死觀的內容。否則，在沒有殯葬實際處理的內容做為材料，我們是無法尋找與建構出與之相關的殯葬生死觀的內容。

第二章

殯葬生死觀的存在意義

為傳統禮俗奠定合理性的基礎

落實殯葬服務的真諦

圓滿殯葬研究的究竟意義

第一節　為傳統禮俗奠定合理性的基礎

　　過去，我們認為辦喪事就是要根據傳統禮俗。如果不根據傳統禮俗，那麼這樣的喪事一定辦得不好。但是，為什麼不根據傳統禮俗來辦喪事就不可以？對於這個問題，過去的人就沒有進一步追究。

　　那麼，為什麼對於這個問題過去的人就不追究呢？這是因為過去的人認為沒有追究的必要。之所以如此，不是過去的人不想追究，而是認為這樣的追究是沒有意義的。對他們而言，他們不認為自己有能力處理這個問題，再加上有聖人提供處理的方法，所以在死亡禁忌的影響下，他們認為多一事不如少一事，何況多問說不定還會有不好的下場，他們就把解決問題的責任託付給聖人，相信聖人所提供的方法一定可以解決問題。

　　問題是，隨著時代的變遷，死亡禁忌逐漸打破，再加上生活型態的改變，讓人們對於辦理喪事的做法開始有了疑問，認為這樣的處理方式是有問題的。對他們而言，一個沒有問題的處理方式應該可以幫他們真正解決問題。如果這樣的處理是有問題的，那就表示這個方法是不合適的。因此，在時代的衝擊下，人們開始質疑傳統禮俗的合理性問題。

　　面對這個問題，我們可以怎麼回應呢？對於過去的人而言，他們回應的方式很簡單，就是告訴大家這是傳統，我們除

了遵守就不能有別的作為。如果我們不按照傳統來處理，那麼整個喪事就不可能處理得好。對於這個處理不好的責任，到時候誰來扛？在沒有人想扛責任的情況下，最後大家只好繼續相信傳統禮俗是沒有問題的。

可是，這樣的回應方式不斷受到挑戰，尤其是受到生活型態變化的挑戰。對他們而言，傳統禮俗是來自於農業的社會，而現代的社會已經進入工商資訊的時代。在時代要求不同的影響下，傳統禮俗在應用上似乎捉襟見肘，表現得好像不太能適應。受到這種表現的影響，越來越多的人質疑傳統禮俗的適用性。如果我們不希望傳統禮俗逐漸消失於這種質疑的聲浪之中，而能夠繼續存在到未來，那麼就必須提供傳統禮俗存在的合理根據。否則，只是用傳統的權威性來解決問題是無法獲得現代人的認同的。

那麼，如果要讓傳統禮俗的存在擁有合理性，那麼我們應該怎麼做才合適？對於這個問題，可以分別從兩方面來討論：一方面就是從外在形式的改變處理起，認為只要外在的形式符合現代社會的樣貌就可以；另一方面就是從內在的問題了解起，認為只有了解內在的問題，對於外在形式的改變才能產生應有的作用。要不然，就算我們配合時代的需求改變外在的形式，這種改變都沒有辦法讓傳統禮俗繼續存在下去。關於這一點，我們可以印證於現有的殯葬執行傾向。對他們而言，越來

越多的人選擇放棄傳統禮俗而改採其他的喪葬形式[1]。

　　既然如此，這就表示只有外在形式的配合並不足以保證傳統禮俗可以起死回生。為了要讓傳統禮俗可以起死回生，顯然我們要做的事情必須更深入一點才可以。換句話說，傳統禮俗如果希望重新獲得肯定，那麼就不能只是改變外在的形式，而要進一步深入了解自身要處理的問題。

　　根據我們的了解，傳統禮俗要處理的問題是什麼？表面看來，傳統禮俗要處理的問題無非就是孝道的問題。可是，只要我們更深入追問，就會發現傳統禮俗不只是要解決孝道的問題，更要解決家族傳承的問題。如果不是為了解決家族傳承的問題，那麼傳統禮俗實在沒有強調孝道的必要。所以，家族傳承的問題才是傳統禮俗真正關心的重點。

　　可是，家族要怎樣才能順利傳承下去？對傳統禮俗而言，家族要能順利傳承下去就是不要讓家族散掉。如果不想要讓家族散掉，那麼傳統禮俗應該怎麼設計才行？對古代人而言，這個問題的解決就是設法讓整個家族在死亡的衝擊下依舊保持一體的狀態。

　　為了讓家族一直保持一體的狀態直到永遠，於是傳統禮俗採取生命延續不斷的策略，就是讓整個家族的生命在時間的長河中綿延不斷。那麼，要怎麼做才能維持這種綿延不斷的關

---

[1] 例如有人用惜別會的形式取代傳統禮俗，認為這樣的處理形式會比較符合現代人的需求。

係？對傳統禮俗而言，就是以死亡作為分水嶺，讓過去死去的先人成為祖先，現在活著的人成為繼承祖先衣缽的人，再將這樣的衣缽在未來傳承給後代的子孫。經由這樣的關係設計，整個家族就可以在時間的長河中永存不朽。

因此，關於這樣的設計背後所隱藏的理念，我們有責任加以了解與說出。唯有如此，現代的人在時代的衝擊下才會想到他們要不要採取這樣的做法來解決他們的死亡問題。如果他們想，那麼他們就會清楚這樣的選擇是為了什麼，要解決什麼問題。倘若他們不清楚這一點，那麼無論他們選擇哪一種處理方式其實都是沒有意義的。

對我們而言，這種有關背後理解所代表的意思不只是一種主觀的理念而已，它也是過去的人對於生死看法的反應。如果不是這種生死觀，那麼過去的人就不會用這種方式處理死亡[2]。現在，他們採用這種處理的方式，這就表示他們是相信這樣的生死觀。所以，在肯定這種生死觀的同時，我們就為傳統禮俗找到合理性的根據。由此可見，傳統禮俗不是不合理的，而是我們要知道如何找才能找出它的合理性根據。

當然，我們不要簡單地認為只要有了生死觀的存在，那麼傳統禮俗就變成絕對客觀的存在。實際上，傳統禮俗的存在價

---

[2] 在此，我們的意思不是說這樣的生死觀就一定要用這樣的方式來表達。實際上，要用什麼方式來表達還要看它所處的背景，像農業社會和工商資訊社會的背景表達方式就會不一樣。

30

值只對那一些相信它的人有意義。對於那一些不相信它的人，傳統禮俗是沒有意義的。因此，有關生死觀的討論目的在於為傳統禮俗找到合理性的根據。只要有這樣的根據存在，那就表示我們有關死亡的處理都是理性的，以問題解決為導向，而不是透過權威或盲從來決定。

 第二節 落實殯葬服務的真諦

除了可以為傳統禮俗找到合理性的根據外，生死觀還可以深化現有殯葬服務的意義。就現有的殯葬服務而言，這種服務其實只是一種做生意的方式[3]。既然是做生意的方式，那麼這些相關的服務作為都只是為了做成生意的一種交易方式，本身基本上是沒有什麼意義的。這麼說來，從事殯葬服務的人無論他們提供什麼樣的服務或做過什麼樣的承諾，這些服務和承諾都只是一種做生意的方式，完全沒有任何實質的意義。

如果真是這樣，那麼這樣的服務不就成為一場騙局嗎？表面看來，事實似乎就是如此。可是，只要我們再深入了解，就會發現這種服務並不是單純的騙局。如果真的只是單純的騙局，那麼消費者可能一時受騙，絕不可能受騙那麼多次或那麼

---

[3] 對許多提供殯葬服務的人而言，殯葬服務只是一種交易。既然只是交易，那麼他就可以見人說人話、見鬼說鬼話，完全不用理會這樣的服務有沒有意義，一切都只是為了賺錢的需要。

久。由此可見，這樣的騙局一定不可能是單純的騙局。其中，一定有什麼可以讓雙方接受的規則。就是這種規則的存在，讓殯葬服務可以繼續下去而不會被消費者所拒絕。

那麼，這樣的規則是什麼？如果這樣的規則只是對提供服務的人有效，那麼這樣的規則就沒有辦法讓消費者接受。除非消費者本身也同意這樣的規則，否則這樣的規則是很難有效適用的。所以，就這一點來看，能夠被提供服務的人接受的規則自然也要為消費者所接受。只有在雙方都接受的情況下，即使這樣的服務只是一種騙局，大家都會心甘情願地接受而不會有任何的怨言。

就我們的了解，這樣的規則不是別的，就是傳統禮俗。由於傳統禮俗是過去處理喪事的規則，因此我們現在在提供服務時只要按照這樣的規則來服務，那麼消費者自然就會接受而不會有任何怨言。可是，如果我們沒有按照這樣的規則來服務，那麼消費者不但會質疑我們的服務，還會抱怨我們服務的不好。所以，當我們在提供服務時只要按照傳統禮俗來服務就不會有問題。

可是，沒有問題是一回事，殯葬服務是不是一場騙局則是另外一回事。如果殯葬服務真的只是一場騙局，那麼就算這場騙局根據的是雙方都同意的遊戲規則也不表示這樣的騙局就可以被接受。因為，一個騙局要大家都接受至少需要在某種程度上滿足大家的內在人性需求。如果這樣的騙局只是單純地騙

局，和大家的內在人性需求一點關係都沒有，那麼這樣的騙局要一直存在是很困難的。

這麼說來，殯葬服務絕對不是單純的騙局，它和人性的內在需求有關。那麼，它和人性的哪一種內在需求有關呢？在此，從傳統的經驗來看，有人可能會主張說這樣的內在需求是和孝道的實踐有關。表面看來，這樣的解答似乎沒有問題。因為，傳統禮俗真的要求孝道的實踐。所以，在辦喪事的過程中亡者的後代是很辛苦的，他們必須承擔整個喪事的責任。如果辦喪事的過程中出現了什麼樣的問題，那麼亡者的後代是必須承受不孝的罪名。

問題是，只有這樣的了解夠不夠？對我們而言，我們所提供的服務難道只是為了滿足社會上對於孝道的要求，而不管這樣的要求真不真實？倘若社會對於這樣的要求是不真實的，那麼這樣的要求當然就沒有真實的意義，也就自然成為一場騙局。可是，如果這樣的要求是發自亡者後代的內在需求，那麼這樣的要求就不是不真實的，與之有關的服務也自然有真實的存在意義。

那麼，我們怎麼判斷這樣的孝道實踐有沒有意義呢？如果這樣的孝道實踐只是單純的社會要求，那麼這樣的要求自然就會隨著社會的變遷而改變。只要社會變得不一樣了，那麼這樣的孝道實踐就會失去實踐的基礎。不過，從孝道實踐本身來看，這樣的要求似乎並沒有隨著社會的變遷而消失。相反地，

它還繼續堅決地存在著。由此看來，這樣的要求應該不只是一種社會的要求，而是來自於人性內在的需求。

如果真是這樣，那麼我們就要進一步問這樣的需求是一種怎麼樣的需求？根據我們的了解，這樣的需求是和家的傳承有關的需求。換句話說，這樣的需求絕對不是只和個人的存在有關，也和整個家的存在有關。對生者而言，他雖然活著，但是他不認為這樣的活著就夠了，他還希望他的活著和這個家是有關係的。同樣地，對亡者而言，他雖然死了，但是他不認為這樣死去就算了，他還希望繼續和這個家有所關聯。就是這樣的內在需求，讓孝道的實踐成為必要，也讓我們在提供殯葬服務時必須按照傳統禮俗來服務。

基於這樣的了解，我們在提供服務時就不能再把這樣的服務提供看成是一場做生意不得不有的騙局，而要認清這樣的服務提供是為了實踐亡者後代的孝道。此外，在幫助亡者後代實踐孝道的同時，我們也要清楚這樣的幫助目的不只是為了滿足社會的要求，更是為了滿足生者個人的內在需求。只有在如實了解這樣的內在需求之後，我們才能說我們所提供的服務真的是完成了它的任務。否則，就算我們提供的服務再好，這樣的服務也不具有真實的意義。

不過，只有了解到這個程度還不夠。因為，孝道的實踐不是只和實踐者有關，也和被孝順的人有關。如果亡者只是一個存在在記憶中的人，那麼這樣的孝道實踐只是和生者有關的孝

道實踐[4]。但是，如果亡者不只是一個存在在記憶中的人，而是可以成為祖先存在於一個永恆國度的有德之人，那麼這樣的孝道實踐就不只和生者有關，也和亡者有關。更好說，這樣的孝道實踐其實是和整個家的傳承有關。從這一點來看，我們就可以知道我們所提供的服務不只是為了協助家屬善盡孝道，也為了讓亡者可以得到安頓。所以，如果我們的服務沒有深入到生死的層面，那麼這樣的服務不只沒有辦法協助家屬善盡孝道，更沒有辦法安頓亡者。如此一來，我們所謂生死兩相安的服務理想怎麼有落實的可能？在沒有辦法落實這樣理想的情況下，難怪從事殯葬服務的人要把自己的殯葬服務看成是一種做生意的騙術！

 ## 第三節　圓滿殯葬研究的究竟意義

過去，在死亡禁忌的影響下，不只一般人對於殯葬採取迴避的態度，就連學術界也把殯葬看成是一個禁忌的議題。當然，學術界之所以把殯葬看成是一個禁忌的議題，理由一定不可以是一般人所謂的死亡禁忌。如果只是這樣，那麼學術界就不能區分他們和一般人有什麼不同。更何況，學術界本來就走

---

[4] 在這種亡者只存在在記憶中的理解下，一般的殯葬業者在服務時就會認為要幫助家屬實踐孝道不見得非用傳統禮俗不可，也可以用其他的形式。因為，亡者和生者不會再有任何關聯。

在一般人的前面，怎麼可以和一般人一樣呢？所以，他們拒絕殯葬的理由必須不同於一般人。

那麼，他們的理由是什麼呢？對他們而言，殯葬之所以不值得研究，不是因為它是禁忌的議題，而是它本來就沒什麼好研究的[5]。在不值得研究的情況下，花許多時間去研究是一件不智的事情。因此，為了出現不智的後果，他們當然就不能研究殯葬的議題。

可是，這是殯葬的實情嗎？他們對於殯葬是不值得研究的判斷是否是正確的呢？如果殯葬真的像他們所認為那樣，只有現象沒有現象背後東西的存在，那麼殯葬確實是沒有什麼好研究的。因為，學術是要研究現象背後的原因或理由。如果殯葬除了現象以外就什麼都沒有，那麼我們把殯葬當成學術研究對象時就會發現沒有什麼可以研究的。既然殯葬本來就沒有什麼可以研究的，那麼我們何必浪費時間去研究呢？就這一點而言，殯葬的確是不值得研究。

問題是，這個判斷之所以能夠成立的前提是他們對於殯葬的認知是沒有問題的。如果他們對於殯葬的認知是有問題的，那麼這個判斷就是錯誤的。對學術界而言，基於一個錯誤認知所提出的判斷是一種不智的判斷，不應該出自學術界的手。因

---

[5] 對他們而言，殯葬只是一套操作的程序。既然只是一套操作的程序，那麼就沒有加以研究的必要。因為，操作程序只是一種工作或社會的規定，不會有什麼實質的理由可言。

為，學術界就是一種對萬事萬物會進行明智判斷的團體。所以，絕對不應該讓這種不智的判斷出現。

在此，我們就要問這樣的判斷有沒有問題？如果從過去的經驗來看，殯葬確實只是一些沒有現象背後東西的現象。他們之所以下這樣的判斷，是因為他們認為殯葬只是社會的附屬物，屬於一時一地的社會約定規則。因此，隨著時代的變遷，這樣的社會約定規則自然也會跟著改變。對於這些會隨著時代改變的規則，我們實在沒有必要去研究為什麼它會這樣存在或不會這樣存在的問題。畢竟，這樣的研究對於未來一點作用都沒有。既然什麼作用都沒有，那麼我們何必浪費時間在這些無用的事物上呢？

如果他們所說的都是對的，那麼我們的確沒有必要浪費時間在這些無用的事物上。可是，如果他們的判斷是錯誤的，那麼我們就會受到這種判斷的影響，使得殯葬失去它應有的發展機會。所以，我們有必要進一步反省他們的判斷，看這樣的判斷是否就是殯葬的真相？

表面看來，他們的判斷似乎沒有問題。因為，殯葬確實有現象的這一面。就是有這一面，所以在時代變遷過程中，殯葬才會出現適應的問題。尤其是，現在的社會和過去的社會有極大的差異性，更讓殯葬顯得捉襟見肘，彷彿殯葬真的只是社會一時一地的產物。

可是，我們不要忘了，這只是殯葬的一面，不表示殯葬只

有這一面。如果我們把殯葬看成只有這一面，那就表示殯葬正如他們所說那樣。由此可見，殯葬之所以是這樣，不是因為它本來就這樣，而是被我們看成是這樣。因此，只要我們不把自己的看法強加在殯葬上面，那麼殯葬就有可能恢復它原有的廬山真面目。

那麼，我們要怎樣做才能指出他們的看法是錯誤的呢？最直接的方式就是指出殯葬背後是有東西存在的。換句話說，殯葬不是只是一時一地的社會產物，它還具有一些永恆性的存在，像從古至今所強調的孝道就是一例。雖然每一個時代對於孝道的要求都不一樣，但是這樣的不一樣並不會影響孝道的存在。因為，不管這些表達孝道的方式為何，它們都是為了實踐孝道的要求而存在的。就這一點來看，我們不能說殯葬只是一時一地的作為，而要說殯葬除了一時一地的表現作為之外，還有其他隱藏在背後的永恆存在，像孝道之類。

當然，有人還是會說這樣的背後存在其實只是一種假象，只是我們的主觀認知。可是，只要我們進一步了解殯葬的作為，就會發現這樣的認知並非只是主觀的。因為，這些作為的設計其實都和孝道實踐有關。如果不是孝道實踐的要求，那麼殯葬就不會出現這些作為。由此可見，孝道做為殯葬背後的永恆存在不是只是我們主觀的認知，而是客觀的認知。

不過，如果我們的研究僅止於孝道的層次，那麼這樣的研究就沒有辦法交代為什麼要有孝道的存在。為了交代為什麼要

有孝道的存在，殯葬為什麼要有這些作為，我們必須深入生死的層次。唯有進入生死的層次，我們才能對殯葬作一個圓滿的交代。否則，只到孝道的層次是很難對殯葬有一個圓滿的交代。

現在，我們舉一個例子說明。在殯葬的實際作為中，我們常常發現有的家屬會堅持用自己的宗教儀式來為亡者送行。那麼，為什麼他們會這樣堅持呢？這是因為他們認為這樣的堅持反映的是自己的孝心。如果他們不做這樣的堅持，那就表示他們不孝。所以，在孝順的要求下，他們認為自己一定要爭取到用自己的宗教儀式為亡者送行的機會。

但是，他們沒有省思這樣的作為到底是完成永恆的孝道還是完成這一世的孝道？之所以如此，是因為他們只停留在孝道的層面，沒有深入生死的層面。如果他們深入生死的層面，就會發現不同的宗教表達的孝道其實是不同的。對傳統禮俗而言，孝道的完成是讓亡者成為祖先。一旦亡者順利成為祖先，家屬就算善盡了孝道。因為，他們不但沒有改變彼此的關係，還進一步維持同樣的關係。可是，其他的宗教就不一樣了[6]。他們的目的不在維持相同的關係，而是要改變關係。這麼一來，這一世的關係只存在於這一世，而沒有辦法轉化為永恆的關

---

[6] 例如基督宗教，在人死後不是變成祖先而是變成天主或上帝的子民。這時，所有的父母子女關係在天堂或天國就變成弟兄姊妹的關係。

係。就這一點而言，除了傳統禮俗是完整維持這一世關係的殯
葬作為外，就沒有其他的宗教可以維持這一世的關係到永恆的
地步。

第三章

殯葬生死觀的意義

有關殯葬生死觀的理解方式

殯葬生死觀的傳統意義

殯葬生死觀的現代意義

第一節　有關殯葬生死觀的理解方式

通常我們在理解殯葬生死觀的時候不是從殯葬本身來理解，而是從生死學的角度來理解。之所以如此，是因為我們認為殯葬本身本來就沒有什麼生死觀的要求。如果殯葬本身會出現生死觀的要求，那麼這樣的要求也不是來自於殯葬本身的要求，而是來自於生死學的要求。所以，就這一點而言，殯葬生死觀的出現是應生死學的要求而來的。

可是，這樣的理解到底有沒有問題呢？表面看來，這樣的理解似乎並沒有什麼不對。因為，在生死學沒有出現之前，殯葬的確處於沒有生死觀的階段。如果在那一個階段有人貿然提出生死觀的要求，那麼這個人就會被認為不了解殯葬。因此，如果我們要符合那一個階段對於殯葬的理解，那麼就絕對不能在操作的技術層面之外另外再提出生死觀的要求。

話雖如此，一旦出現了生死學，我們突然發現殯葬如果只有技術操作的層面而沒有生死觀的層面，那麼這樣的殯葬就會顯得太過淺薄，以至於失去它本身應有的合理性。為了避免讓社會大眾誤以為殯葬只是一種技術操作層面的規矩，完全沒有自身存在的合理性，所以我們必須在技術操作的層面之外另外提出生死觀的層面，表示殯葬的存在也有其自身的合理性。

就是這樣的要求，讓我們誤以為對於殯葬生死觀的理解也

應該從生死學的角度來理解。問題是，殯葬生死觀受到生死學的影響才出現是一回事，殯葬本身是否應該有生死觀則是另外一回事。如果我們沒有辦法分清楚這兩者，那麼在混淆這兩者的情況下，對於殯葬生死觀的理解就會有問題。因為，這時我們只會從生死學的角度去套用生死觀，而不會從殯葬本身去看這樣的生死觀應該如何理解才對。因此，為了正確理解殯葬生死觀，我們不能只從生死學的角度去套用，而必須從殯葬本身去理解。

　　那麼，我們要如何理解殯葬生死觀才算正確呢？對於這個問題，我們必須從殯葬本身的技術操作層面切入。因為，殯葬到底應該有什麼樣的生死觀不是由生死學決定的，而是由殯葬本身的技術操作系統決定的。如果殯葬本身應該有這樣的生死觀，那麼我們就可以從技術操作系統當中挖掘出這樣的生死觀。如果殯葬本身不應該有這樣的生死觀，那麼無論我們如何挖掘都不可能從技術操作系統中找到這樣的生死觀。由此可見，殯葬本身應該有什麼樣的生死觀，我們只能從操作系統當中去挖掘，而不能只從生死學的角度去套用。

 ## 第二節　殯葬生死觀的傳統意義

　　基於這樣的理解，那麼我們應該如何詮釋殯葬生死觀的意

義？首先，我們可以從殯葬的字源角度加以理解。就殯葬的字源來看，殯這個字是由歹和賓組合而成的，葬這個字則是由死和艸組合而成的[1]。那麼，這樣組合而成的殯有什麼意義呢？就我們的了解，這樣的殯是有很特殊的意義。其中，歹比較不特別，指的就是死的意思。不過，賓就有意思了。本來，賓指的就是客人的意思。如果只是單獨理解賓的意思，那麼賓也沒什麼特別的。可是，如果把賓和歹的意思一起理解，那麼這樣的理解就會出現很特別的意思。換句話說，這樣的理解就會出現很有趣的變化。那麼，這種有趣的變化是什麼呢？就我們的理解，這種有趣的變化就是人死為客的意思。在此，我們不禁要問：到底是哪一種人死了會變成客人？如果原先就是客人，那麼死了還是客人就沒有什麼特別的。但是，如果原先不是客人，那麼死了之後才變成客人就會很特別。那麼，是誰原來不是客人死了才變成客人呢？就我們的了解，這個人不是別人就是家中的主人。就是因為他原來是主人，死了以後變成客人，我們才會覺得特別。

在此，我們要進一步追問：為什麼家中的主人在死亡之後要變成客人？一般而言，主人就是主人，無論他死了沒有，他都一直是主人。如果要他從主人的位置退下來，那麼除非這個家有不同的要求，否則絕對不可能。因為，對這個家而言，他

---

[1] 請參見鄭志明、尉遲淦著（2008）。《殯葬倫理與宗教》。台北市：國立空中大學，2008年8月，頁26-27。

是主要的締造者。除非他自己放棄，否則他一直是這個家的主人。既然如此，那麼他為什麼要在死亡之後從主人的位置退下來變成客人？就我們的了解，主要是死亡之後他不再有能力治理這個家。如果這時他不想讓出這個位置，那麼這個家可能因為他的不退出卻又沒有能力治理的情況下陷入滅亡的境地。所以，為了避免把自己一手建立的基業毀掉，他只好在死後把自己主人的位置讓出來。畢竟，家的傳承要重於自己永遠擁有主人的位置。

經過上述的分析說明，我們清楚了解家中的主人為什麼在死亡之後要把主人的位置讓出來的理由。可是，如果只是處理到這裡，那麼這樣的處理方式還是有問題的。因為，對主人而言，他雖然因著死亡不得不讓出家中的治理權，但是要他從此以後永遠退出只能當個客人，這種要求似乎太不公平了。畢竟，這個家是由他一手建立的，我們似乎沒有理由要他在死後就永遠退出？那麼，我們要怎麼做才能公平對待他的建立與退出？關於這個問題，我們必須進一步參考葬的意義才有解決的可能。

根據上述對於葬的字源分析，我們知道葬是由死和艸組合而成的。那麼，這樣的組合有什麼特殊的意義呢？本來，單純的死和艸的組合也沒有什麼特殊的意義，只是把死人藏在草叢之中。不過，如果把這樣的作為和上述殯的作為連結起來看，那麼這樣的葬就會出現很特別的意思。那麼，這個特別的

意思是什麼呢？就我們的了解，這個特別的意思就是不忍心的意思。換句話說，把死人藏在草叢之中不是一種不想見到的行為，而是一種不想讓亡者繼續受到傷害的行為。當這種行為出現的時候，就表示把亡者藏起來的作為是一種反應親情的作為。今天，如果亡者不是葬的人的親人，那麼就不會有葬的行為出現。由此可見，葬的作為是一種不遺棄亡者的表現。就這一點而言，家中的主人雖然因著死亡而不得不成為客人，但是他的孩子並不會因此就遺棄他了，還是會因著他的主人身分而善待他的遺體，讓他的遺體可以獲得像家人那樣的對待。

可是，只有這樣的對待還不夠。因為，在古人的理解中，人不只是有肉體而已，人還有靈魂。如果只處理肉體的問題，而不處理靈魂的問題，那麼在肉體的問題處理完了以後，靈魂只好變成孤魂野鬼。幸好，古人不是這樣處理的。對他們而言，只有肉體的處理還不夠。在處理完肉體的問題之後，他們還要處理靈魂的問題。因為，只有安頓肉體的結果，他們認為對亡者還是不夠公平。如果真的要充分公平對待亡者，那麼就必須有安頓靈魂的進一步作為。在此，這個作為就是讓亡者有機會可以成為祖先。唯有如此，他們認為這樣的對待方式才能真正符合公平的要求。

那麼，他們為什麼會有這樣的想法呢？這是因為他們認為亡者之所以讓出主人的位置不是出於亡者本身的意願，而是受到死亡影響的結果。如果可以，他們還是願意繼續為這個家付

出一分心力。既然如此，那麼我們怎麼可以任意剝奪他們的心願呢？為了讓他們覺得即使死了以後家人還是接納他們、需要他們，所以他們才會認為讓亡者成為祖先會是一個很合理的對待方式。就是這樣的認定，在亡者的遺體安頓好之後他們才會用返主的儀式把亡者的靈魂迎回家中祭祀，讓亡者在死亡之後繼續以祖先的身分為這個家盡心盡力。

在清楚了解傳統對於殯葬的認知與想法之後，我們進一步探討在這樣的認知與想法背後到底隱藏哪一些生死觀的問題？就我們所知，在這樣的想法與認知當中有幾個重點：

第一，就是亡者本身必須有後代，如果他根本就沒有後代，那麼他的家業就沒有人可以繼承。在缺乏後代繼承的情況下，他就沒有辦法善盡他把家傳承下去的責任。所以，為了善盡他把家傳承下去的責任，他必須有後代。

第二，除了有後代可以傳承家業之外，他本身還必須做出好的榜樣。因為，他如果沒有以身作則，那麼在無人可以仿效的情況下，他的後代可能就不知道應該如何傳承家業。所以，為了讓家業可以好好傳承下去，他必須用一生的時間把家業顧好讓後代有機會可以學習。

第三，在他死的時候，後代也願意繼承他的遺志，願意傳承這個家業，讓這個家業可以好好傳承下去，並且進一步發揚光大。這時，他的責任才算真的完成。否則，在後代沒有好好傳承的情況下，他的責任都不算真正的了了。

　　第四，為了表示他的後代真的願意傳承這個家業，在他的遺體埋葬之後，他的後代還會進一步透過返主的儀式把他的神主牌位迎回家中當成祖先加以祭祀。

　　根據這樣的重點，我們可以找出幾個與生死有關的看法。第一個就是上述的第一點、第二點和第三點都與亡者的一生作為有關。如果亡者這一生都可以善盡這一些傳承家業的作為，那麼亡者這一生就算沒有白活。也就是說，亡者這一生活得非常值得。相反地，如果亡者這一生沒有善盡這一些傳承家業的作為，那麼亡者這一生就算白活了。也就是說，亡者這一生活得很不值得。由此可見，亡者這一生要活得有價值就必須善盡傳承家業的責任。

　　那麼，傳統殯葬生死觀為什麼要強調這一點呢？這是因為傳統殯葬生死觀認為亡者這一生的作為可以決定亡者死後的歸宿[2]。如果亡者生前可以善盡他的家的傳承責任，那麼他在死後自然可以成為祖先。如果他生前沒有善盡他的家的傳承責任，那麼他在死後自然就沒有機會成為祖先。所以，亡者死後是否可以成為祖先的關鍵就在於他生前有沒有善盡家的傳承責任。

　　綜合上述所說，我們可以簡單結論如下：

　　第一，傳統對於殯葬的理解就是把殯葬看成是解決家的傳

---

[2] 由此，我們就可以理解孔子為什麼會提出「不知生，焉知死」的說法。因為，他認為生的作為就可以決定死的歸宿，所以不需要特別討論死的問題。

承問題的方法。

　　第二，在這樣的理解下，它在生死觀的部分非常強調亡者生前的作為，認為亡者只有在生前善盡傳承家業的責任的作為，亡者的這一生才算是活得值得。

　　第三，傳統殯葬生死觀之所以如此強調亡者這一生的作為，是因為亡者這一生的作為會影響亡者死後的歸宿。

　　第四，亡者如果希望死後可以成為祖先，那麼亡者在生前就必須善盡家的傳承責任。否則，在生前沒有善盡家的傳承責任的情況下，亡者在死後是不可能成為祖先的。

 ## 第三節　殯葬生死觀的現代意義

　　本來，如果大環境沒有改變，按照過去要求的標準，傳統殯葬就算沒有談論到生死觀的問題也無所謂。因為，過去的人幾乎不會過問有關生死觀的問題。即使真的需要談論到生死觀的問題，上述的內容也足以應付過去人的需要。可是，現在情況大不相同。之所以如此，主要原因在於西方死亡學的傳入台灣。在死亡學進入台灣之後，我們對於傳統殯葬的要求就開始不一樣。對我們而言，傳統殯葬如果沒有生死觀的深度，那麼這樣的殯葬不單會顯得膚淺，更會表示這樣的殯葬可能只是一種形式的規定，在社會的變遷中沒有繼續存在的必要。所以，

為了表示傳統殯葬還有繼續存在的價值，我們需要深入傳統殯葬背後的生死觀。雖然如此，這不表示由傳統殯葬所開發出來的生死觀就能夠完全符合現代生死學的要求。因為，傳統殯葬所隱藏的生死觀只是生死觀的一種。如果我們真的要了解殯葬生死觀的意義，那麼就必須更進一步抽離傳統殯葬生死觀的具體內容。

那麼，我們要怎樣做才能抽離傳統殯葬生死觀的具體內容呢？就我們所知，要做到這一點，就必須完成兩個步驟：第一個就是要找到不同於傳統殯葬生死觀的看法；第二個就是要在這兩種看法的對照下找出能夠包含這兩種看法的更根本看法。首先，我們要找出不同於傳統殯葬生死觀的看法。為了做到這一點，我們需要先舉出一個傳統殯葬生死觀看法的例子，例如像亡者這一生必須善盡家的傳承責任才算活得值得的看法。在了解這個例子之後，我們相對地舉出其他看法的例子，像基督宗教生死觀看法的例子。在此，這個例子就是亡者這一生必須善盡信仰的責任才算活得值得的看法[3]。其次，我們對照這兩種不同的看法：一個是善盡家的傳承責任；一個是善盡信仰的責任。表面看來，這兩種責任完全不同：一個是善盡家的傳承責任；一個是善盡信仰的責任。可是，只要我們深入了解，就會發現這兩者都強調一點，就是善盡責任的重要。如果一個人一

---

[3] 請參見傅偉勳著（1993）。《死亡的尊嚴與生命的尊嚴──從臨終精神醫學到現代生死學》。台北市：正中書局，頁116-119。

生都沒有善盡責任，那麼這個人一生就活得不值得。相反地，如果一個人一生確實善盡責任，那麼這個人一生活得就算很值得。由此可見，一個人一生要怎麼活才算值得是屬於抽離傳統殯葬生死觀具體內容之後的更深層問題。

除了這個問題之外，傳統殯葬生死觀還觸及了死後的問題，像死後成為祖先的看法就是一個例子。不過，死後成為祖先只是對於死後歸宿問題的看法之一。如果我們對照基督宗教的看法，就會發現死後不見得就一定要成為祖先，也可以成為上帝的子民。無論死後成為什麼，這些看法的更深層問題就是死後歸宿的問題。

同樣地，傳統殯葬生死觀還觸及了生前作為和死後歸宿的關係問題。對於傳統殯葬生死觀而言，一個人生前只要善盡家的傳承責任，那麼死後自然可以成為祖先。可是，這種看法只是生前作為決定死後歸宿的看法中的一種。像基督宗教就抱持不一樣的看法。對基督宗教而言，它強調的生前作為不是要善盡家的傳承責任的作為，而是要善盡信仰責任的作為。如果一個人在生前可以善盡信仰責任的作為，那麼在他死了以後就有機會可以成為上帝的子民。相反地，如果他生前根本就沒有善盡他信仰的責任，那麼在死後就失去成為上帝子民的機會。由此可見，生前作為和死後歸宿的關係問題是抽離傳統殯葬生死觀具體內容的更深一層問題。

總結上述的分析，我們知道傳統殯葬生死觀所觸及的問題

包括生命要怎麼過才算值得的意義問題、死後去處的歸宿問題，還有生命要怎麼過才能決定死後去處的關係問題。表面看來，這些問題已經包含了生死觀的主要問題，像生命的問題、死亡的問題，還有生死之間關係的問題。可是，只要我們再深入思考，就會發現這樣的包含其實是很表面的包含，並沒有真正深入其中的全貌。如果我們希望知道殯葬生死觀的全貌，就必須更深入了解傳統殯葬生死觀的內容。就生命要怎麼過才算值得的問題而言，我們除了要問生命價值的意義問題之外，還要進一步問生命是什麼的認知問題。同樣地，就死後去處的歸宿問題而言，我們除了要問死後去處的存在問題之外，還要進一步問死後去處的認知問題，看我們對於死後去處的存在是如何判斷的，甚至於還要進一步了解死後歸宿的內容問題，以及死亡是什麼的認知問題。此外，有關生前作為決定死後去處的關係問題，我們除了要問哪一種生前作為決定哪一種死後去處的問題之外，還要進一步問生前作為是否一定可以決定死後去處的批判問題，以及生命與死亡之間到底存在著何種關係的問題。

第四章

殯葬生死觀的類型

殯葬生死觀是否有不同的類型存在

殯葬生死觀為何會有不同的類型存在

殯葬生死觀分類的標準

殯葬生死觀的類型

第一節　殯葬生死觀是否有不同的類型存在

對一般人而言，殯葬生死觀是否有不同類型的存在似乎是一個不需要進一步證明的真理。那麼，為什麼他們會這樣想呢？這是因為他們認為根據自己已有的經驗做判斷是一件合理的事情。對他們而言，如果不要他們根據自己已有的經驗做判斷，那麼他們可能就不知道要如何判斷了。所以，根據這樣的認知，他們認為自己對於殯葬生死觀是否有不同類型存在的問題所下的判斷應該沒有問題。

可是，這樣的判斷真的沒有問題嗎？的確，我們一般在做判斷時都是根據自己已有的經驗做判斷。不過，有時我們也會發現這樣的判斷極為容易發生錯誤。之所以如此，不是我們既有的經驗有問題，而是這樣的經驗只是經驗之一，未必適用在所有的情況上。因此，按照這樣的思考，我們不能直覺地認為他們對於殯葬生死觀是否有不同類型存在的問題的答案就是正確的。

當然，我們如果只是根據上述的想法提出質疑，那麼這樣的質疑只是一種形式上的質疑。雖然這樣的質疑也可以產生一定的效果，但是這樣的質疑畢竟只是一種形式上的質疑。倘若沒有提出實質上的理由作配合，那麼這種質疑最終很難產生決定性的作用。所以，為了讓這樣的質疑真的有意義，我們還需

要提供進一步的實質理由。

那麼，這個實質的理由是什麼？根據我們的研究，這個實質的理由可以分成消極和積極兩個部分：就消極部分而言，我們要指出他們所根據的經驗只是經驗中的一種；就積極的部分而言，我們要指出在這種經驗之外還有其他種經驗的存在。

首先，就消極的部分而言，我們發現他們所根據的經驗只是他們目前經驗到的經驗。表面看來，這種經驗似乎沒有問題。但是，這種經驗畢竟是在目前的環境下所經驗到的經驗。除非我們可以事先證明，無論環境怎麼變化，這種經驗都是唯一的經驗。否則，在沒有辦法證明這種經驗是可以脫離當時環境的經驗的情況下，我們就不能說這種經驗就是唯一的經驗，而不允許其他種經驗的存在。

其次，就積極的部分而言，我們發現他們所根據的經驗是會受到當時環境的影響。因此，在環境不同的情況下，他們自認唯一的經驗就會受到環境的影響而改變成其他種的經驗。所以，在他們的經驗之外還存在著其他種的經驗。

以下，我們簡單舉一個例子說明。就他們的經驗來看，殯葬生死觀不只存在著一種類型，同時還存在著其他種的類型。所以，對他們而言，殯葬生死觀同時存在著各種不同的類型是一件理所當然的事情。可是，他們忘了這種不同類型同時存在的經驗是人類文明發展以後的經驗。在人類文明還沒有發展之前，有關殯葬生死觀的存在狀態不見得就是如此。在人類文明

發展之前，殯葬生死觀並沒有這麼多的不同類型存在。實際
上，當時存在的只有一種殯葬生死觀的類型。之所以如此，簡
單說來，就是人類對於生死的需求還沒有分化。在尚未分化的
情況下，人類對於生死所形成的殯葬生死觀自然不能有其他的
類型存在。由此可見，人類對於生死需求有沒有分化就成為殯
葬生死觀是否會出現不同類型的關鍵所在。

 ## 第二節　殯葬生死觀為何會有不同的類型存在

　　在討論過殯葬生死觀是否有不同類型存在的問題之後，我
們進一步討論殯葬生死觀為什麼會有不同類型存在的問題。根
據上述的討論，我們給了一個很簡單的答案，就是人類最初有
關生死的需求還沒有分化。由於還沒有分化，所以最初的殯葬
生死觀只有一種類型的存在。現在，我們要進一步說明為什麼
人類的生死需求在最初的階段是沒有分化的。

　　根據我們的了解，人類的生死需求最初是一樣的。這種一
樣不是他們故意要一樣，而是他們面對的處境是一樣的。在處
境一樣的情況下，他們就算想要不一樣，也不會有這樣的結果
出現。

　　那麼，為什麼他們的處境會一樣？就我們的了解，這是因
為他們面對的是一個他們完全無法掌控的自然。雖然就今天的

經驗來看，人類是有能力可以控制自然的，但是在當時人類是
沒有這樣的力量。在沒有力量控制自然的情況下，人類只好臣
服於自然。

　　最初，臣服於自然的結果就是一切順應自然的要求。當自
然要人類生存下去的時候，人類就順應地活下去。當自然要人
類死亡的時候，人類就順應地死去。面對這種超乎人類的力
量，人類只能畏懼地接受。

　　可是，人類和動物不一樣。動物在面對自然的力量時，除
了接受別無他法。然而，人類除了接受之外，還會想要改變現
況。就是這種想要改變現況的想法，讓人類在面對自然時有了
不同的作為。當然，最初的人類不像現代人那樣試圖利用科學
去改造自然，而是藉著主動臣服於自然的宗教行為來改變自身
的處境[1]。

　　對他們而言，人類的生死的確只能服從自然的安排。不
過，在服從的過程中不表示人類只能像動物那樣的生與死。相
反地，人類在生與死的過程中可以藉著依附於自然而超越生
死。那麼，為什麼他們會有這樣的想法呢？這是因為他們認為
自然既然可以決定他們的生死，這就表示自然是在生死之外。
所以，只要他們依附這樣的自然，那麼他們就有超越生死的可

---

[1] 請參見鄭志明、尉遲淦著（2008）。《殯葬倫理與宗教》。台北：國立空
　中大學，頁49。

能性。

　　不過，這種想法到了後來就起了變化。那麼，為什麼他們的想法會改變呢？其中，最主要的因素就是家的出現。本來，在家的因素出現之前，人類基本上過的是共產式的生活。在這樣的生活中，人在面對自然的力量時是集體面對的。因此，人對於生死的需求也就出現相同的反應。只要能夠解決死亡的恐懼，那麼人的生死需求也就得到滿足。

　　但是，在家的因素出現之後，人的生活方式開始改變。人不再過著共產的生活，而開始家族的生活。當這樣的生活出現之後，人不再只是隸屬於部落，也隸屬於家族。於是，人在生活上出現兩種關係：一種是比較外圍的部落關係；一種是比較核心的家族關係。隨著時間的演進，人和家族的關係越來越緊密，而和部落的關係越來越疏遠。最終，人成為家族的存在。就是這種親密的關係，讓人在死的時候不再只是依附於自然，而是想要成為家族的永恆一份子[2]。

　　就這樣，人在生死的需求上不再只是宗教的解決，讓人在死亡之後成為自然的一部分，藉著依附而回歸自然，而是藉著依附家族的存在，在死亡之後成為家族永恆的一員。換句話說，後者的解決方式就是一種道德的解決方式。透過這兩種不同解決方式的說明，我們就可以知道殯葬生死觀為何會有不同

---

[2] 同註1，頁53。

類型的存在。如果不是這些生死需求的不同，那麼殯葬生死觀就不可能出現這些不同的類型。

當然，殯葬生死觀不是只有這兩種類型。實際上，它的類型要比上述所說的兩種還要多。只是對我們而言，我們只要指出這兩種就夠了。因為，我們的問題是殯葬生死觀為何會有不同的類型存在。所以，只要回答為何的問題。至於，殯葬生死觀到底有哪幾種，是底下要繼續討論的問題。

 ## 第三節　殯葬生死觀分類的標準

那麼，殯葬生死觀到底有哪幾種類型？對於這個問題，我們留到下一節再進一步討論。在這一節，我們先討論殯葬生死觀分類的標準。一般而言，殯葬生死觀到底會出現哪一些類型，其實是要看它根據的是什麼樣的分類標準。如果它的分類標準是採取經驗的標準，那麼就會按照現有殯葬生死觀的類型來分類。如果它的分類標準不是採取經驗的標準，那麼就會根據這種新標準對殯葬生死觀做分類。所以，在正式分類之前，我們有必要先弄清楚所要採行的標準為何。

首先，我們就一般的做法來看。對一般人而言，分類的最直接方式就是採行經驗的標準。那麼，為什麼一般人會採行這樣的標準？這是因為這種方式最為簡單，只要我們按照經驗所

呈現出來的做分類，那麼有關殯葬生死觀的分類問題就算解決了。對於這個問題，我們不需要去傷腦筋考慮是否會有遺漏的部分。如果我們擔心這個問題，那麼只要事前細心一點，一般而言就不會有太大的問題。

可是，這個做法雖然在使用上最為簡便，但是它有它不足的部分。例如對於還沒有發生過的類型，它就沒有能力處理。對它而言，它能夠處理的就是已經存在過的類型。由此可知，這樣的分類方式雖然可以讓我們有一些分類的基礎，但是卻無法較為完整地窮盡所有可能出現的類型。所以，如果我們希望能夠較為完整地窮盡所有的類型，那麼就必須在現有的經驗基礎上尋找進一步的分類標準。

那麼，我們要怎麼做才能找到這種進一步的分類標準？根據我們的研究，要找到這種進一步的分類標準就不能只停留在經驗的層面上，而要深入經驗本身。唯有深入經驗本身，我們才有機會找到新的可能性。因為，經驗本身不只提供我們現有的類型，還告訴我們未來可能有的發展。那麼，經驗本身為什麼可以產生這樣的可能性？這是因為經驗本身擁有它的結構，透過這樣的結構就會告訴我們未來它的可能發展。因此，我們可以藉著結構的分析尋找新的分類標準。

其次，我們就結構的分析來看。一般而言，殯葬生死觀主要要處理的問題是和生死有關的問題。在這樣的處理中，它的主要目的在於安頓生死。既然如此，我們就可以從安頓生死的

角度來討論殯葬生死觀的分類問題。根據我們的研究，一般安頓生死的方式有兩種：一種就是借助人以外的力量來安頓生死；一種就是用人本身的力量來安頓生死[3]。就第一種方式而言，我們稱它為他力型的安頓；就第二種方式而言，我們稱它為自力型的安頓。

從這兩種安頓的方式來看，過去曾經有過的殯葬生死觀不是屬於他力型的安頓就是屬於自力型的安頓。這麼說來，未來出現的殯葬生死觀是否也屬於這兩種中的一種？就我們的了解，未來出現的殯葬生死觀無論存在的方式為何，基本上不是屬於他力型的安頓就是屬於自力型的安頓[4]。由此可知，殯葬生死觀可以依據安頓方式的不同分成他力型和自力型兩種。

以下，我們舉兩個例子說明。例如像基督教，從它藉由信仰來處理人對於死亡的恐懼來看，它是屬於宗教型態的殯葬生死觀。可是，它不只是宗教型態的殯葬生死觀。如果我們進一步從安頓的方式來看，那麼就會發現它還是他力型的殯葬生死觀。因為，它認為只有將自己託付給上帝，人有機會可以徹底解決死亡恐懼的問題。至於儒家，它的想法就不一樣。對它而言，人要處理的死亡問題不是死亡恐懼的問題，而是生命傳承

---

[3] 請參見尉遲淦著（2003）。《禮儀師與生死尊嚴》。台北市：五南圖書出版股份有限公司，頁192。

[4] 當然這裡可以有不同的排列組合，但無論怎麼排列組合此一劃分不會有什麼不同。因為，它是一種窮盡的劃分方式。也就是說，除了他力和自力的基本型態外就不會有第三種型態出現。

的問題。因此,我們只有透過孝道的實踐才能解決生命傳承的問題。就我們的了解,這種孝道實踐的作為反映的就是一種道德的殯葬生死觀。不過,它不只是一種道德的殯葬生死觀。同時,在安頓生死的方式上,它也是一種自力型的殯葬生死觀。因為,它認為一個人要安頓生死不是藉著他人的力量,而是要靠自身的道德實踐。只要好好實踐我們自身的道德,那麼我們的生死自然就可以得到安頓[5]。

 ## 第四節　殯葬生死觀的類型

　　根據上述的分類標準,我們可以從兩方面來看殯葬生死觀的類型問題:第一個就是從經驗發展的角度來看;第二個就是從結構分析的角度來看。首先,我們討論第一個角度。從經驗發展的角度來看,我們發現殯葬生死觀的發展是很緩慢的。最早,人類出現的殯葬生死觀是以克服與死亡恐懼有關的問題做為立論的重點。按照這個重點,人類在無所依憑的情況下,只好從自然中尋找比自己更強的力量,認為透過這個力量的依附人就會有能力可以解決死亡的問題。雖然後來證明這樣的解決方式並沒有真正解決死亡恐懼的問題[6],但是從此以後宗教型態

---

[5] 同註3,頁152-153。

[6] 因為這種安撫的方式只是一種主觀的安撫,所以無法真正解決亡者為生者所帶來的困擾。

的處理就變成人類解決死亡問題的一個方法。

　　到了後來，人類有了家的存在以後，對於生死的問題出現了第二種解決的方法，就是道德型態的殯葬生死觀。對它而言，人的生死問題不見得要從上帝的信仰尋找解決的方法，也可以從道德的實踐尋找解決的方法。那麼，人要怎麼做才能徹底解決生死的問題？對他們而言，這種解決的方法就是透過孝道的實踐讓生命可以綿延不絕的傳承下去。只要能夠順利完成傳承的任務，那麼人的生死問題在不知不覺中就可以得到徹底的解決。

　　到了現代，科學開始發展了，人類對於生死問題的解決出現了第三種型態，也就是科學的殯葬生死觀。對科學而言，人的生死問題不像宗教型態所認定的那樣只有透過對於上帝的信仰才能幫我們解決，也不像道德型態所認定的那樣只有透過孝道的實踐才能幫我們解決，而是只要透過經驗的了解就可以幫我們解決。因此，科學型態的殯葬生死觀不是在現世生命之外尋找其他的存在來源，而是斬斷一切外在的根源回歸現實本身。在了解現實的真相之後，坦然接受現實，安住於現實之中[7]。

　　其次，我們討論第二個角度。從結構分析的角度來看，宗

---

[7] 對他們而言，他們採取的不是解決問題的方式而是解消問題的方式，認為超越生死的想法是不切實際的。因此，他們把生命侷限在有限的世界不再奢談永恆。

教型態的殯葬生死觀不是只有一種表達的方式。實際上，它的表達方式至少有兩種：第一種就是他力型的殯葬生死觀；第二種就是自力型的殯葬生死觀。就他力型的殯葬生死觀而言，它的重點在於人的生死問題不是人自身就有能力可以解決的。人如果希望能夠解決自身的生死問題，那麼他就必須依靠比他更強大的力量。其中，最強大的力量就是作為一切存在根源的上帝。藉著對於上帝的信仰，人終於有機會可以徹底解決生死的問題。就這種需要依靠外在於人的力量才能解決生死問題的想法，我們稱之為他力型的殯葬生死觀。

除了這種他力型的殯葬生死觀，我們發現還有自力型的殯葬生死觀。就自力型的殯葬生死觀而言，它認為生死問題的解決不見得要依靠外在於人的力量。相反地，人只要依靠自己的力量就可以解決生死的問題。那麼，為什麼它會有這樣的想法？這是因為它認為人和存在根源之間的關係不是外在的，而是內在的。根據這樣的理解，人只要把自身的力量完全實現出來，人就有辦法可以徹底解決生死的問題。所以，對他們而言，人是可以自行解決生死問題的。

在討論過宗教型態的殯葬生死觀後，我們接著討論道德型態的殯葬生死觀。同樣地，道德型態的殯葬生死觀一樣有兩種形式：第一種就是他力型的殯葬生死觀；第二種就是自力型的殯葬生死觀。就他力型的殯葬生死觀而言，人的生死問題的解決不是來自於個人自己的力量，而是來自於聖人的

制禮作樂。如果不是聖人對於生死的道德作為，那麼個人將沒有能力解決生死的問題。因此，一般人在解決生死的問題時，他們不是自覺自身既有的道德力量，而是來自於對聖人道德力量的信任，認為聖人所提供的道德解決方法是可以幫他們解決生死的問題[8]。

　　不過，這種解決的方式只是道德型態中的一種。在這種方式之外，還有另外一種形式的殯葬生死觀。對於這一種形式的殯葬生死觀，它不認為解決生死的問題需要依賴聖人的道德作為。因為，人人都有道德力量。只要我們好好把自己的道德力量充盡地實踐出來，那麼生死問題自然可以得到解決。所以，在這種自力型的殯葬生死觀的想法下，人是可以利用自己的道德力量解決生死的問題[9]。

　　最後，我們討論科學型態的殯葬生死觀。同樣地，科學型態的殯葬生死觀也有兩種：一種是他力型的殯葬生死觀；一種是自力型的殯葬生死觀。就他力型的殯葬生死觀而言，它認為人的生死問題無法藉由人自身的力量來解決。如果人真的想解決生死的問題，那麼只有求助於社會的力量[10]。因為，個人只是短暫的存在，唯有社會才能持續存在。因此，只要社會可以

---

[8] 例如荀子的說法就是一個典型的例子。

[9] 例如孟子的說法就是一個典型的例子。

[10] 例如社會上大眾所肯定的與真、善、美有關的種種價值，像事業成功、著書立說、行善樂施等等。

繼續存在下去，那麼個人就有機會藉著社會的存在來解決生死的問題。

　　同樣地，除了這種他力型的殯葬生死觀外，還有自力型的殯葬生死觀。對這種自力型的殯葬生死觀而言，人的生死問題不需要借助社會的力量。只要人認清問題的癥結，那麼人就可以利用自身的力量解決生死的問題。那麼，為什麼它會有這樣的想法呢？這是因為它不認為有所謂的永恆存在。人只要認清這個事實，承認這個事實，安住於這個事實，即使面臨死亡，也可以經由自身的理性解消對於死亡的恐懼[11]。換句話說，自力型的殯葬生死觀是藉由理性的認知來安頓生死的。

---

[11] 例如伊比鳩魯的說法就是一個典型的例子，他認為只要我們認清經驗的特質就不用恐懼死亡的發生。因為，在經驗死亡之前死亡還沒有發生，在死亡發生之後我們已經死亡。所以，我們無須恐懼死亡的存在。

第五章

科學的殯葬生死觀

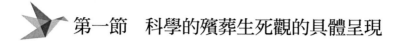

第一節　科學的殯葬生死觀的具體呈現

　　在討論過殯葬生死觀的類型之後，我們進一步討論不同類型的殯葬生死觀。那麼，我們要從哪一種類型討論起較為合適？一般而言，決定的標準常常是目前的使用頻率。如果大家最常使用這種殯葬生死觀，那麼我們就最先討論這種殯葬生死觀。如果大家最少用這種殯葬生死觀，那麼我們就最後才討論這種殯葬生死觀。按照這種標準來看，那麼我們應該從傳統禮俗的殯葬生死觀開始討論起。因為，傳統禮俗的殯葬生死觀是最常被使用的殯葬生死觀。相反地，科學的殯葬生死觀由於被使用的頻率最低，所以，這種殯葬生死觀應該放在最後才討論。

　　不過，我們現在不打算採取這種討論的順序。其中的理由很簡單，就是我們所處的時代已經不一樣了。雖然目前大家使用最多的仍然是傳統禮俗的殯葬生死觀，但是受到時代因素的影響，未來可以預見的是使用科學的殯葬生死觀的人會越來越多[1]。因此，根據這種時代因素的改變，我們採取另外一種討論的順序，也就是以時代的科學因素作為安排的標準。按照這種安排的標準，那麼我們最先討論的是科學的殯葬生死觀。至於

---

[1] 因為在科學教育的潛移默化下一般人不知不覺就往科學的殯葬生死觀的方向走，所以未來接受科學的殯葬生死觀的人會越來越多。但無論接受的多寡，如何使自己清楚自覺所接受的殯葬生死觀是很要的一件事情，否則我們的接受就會害到自己，讓自己的生死無法得到真正的安頓。

傳統禮俗的殯葬生死觀，則是最後討論的對象。

　　現在，我們先討論科學的殯葬生死觀。表面看來，什麼是科學的殯葬生死觀似乎內容應該很清楚。因為，我們生存的年代就是科學的年代。可是，只要我們進一步反省，就會發現所謂的科學的殯葬生死觀的內容似乎沒有我們認為的那麼清楚。那麼，為什麼會出現這樣的落差呢？這是因為我們從來沒有認真思考過科學的殯葬生死觀內容應該為何的問題。因此，為了清楚了解科學的殯葬生死觀的內容，我們需要深入科學的殯葬生死觀的具體呈現。

　　根據我們的了解，科學的殯葬生死觀一般是用無宗教形式的喪禮具體呈現出來的。那麼，什麼是無宗教形式的喪禮呢？簡單說來，就是不用任何宗教儀式或傳統禮俗來辦喪事的喪禮。表面看來，這樣的喪禮似乎很容易就可以理解。可是，只要我們進一步思考，就會發現要理解這種喪禮其實並沒有那麼容易。之所以如此，是因為我們一般所了解的喪禮不是屬於宗教儀式的，就是屬於傳統禮俗的。如果不是這兩種型態的喪禮，那麼我們就很難去想像。所以，想要了解沒有宗教形式的喪禮並沒有表面看的那麼簡單。

　　既然這樣，那麼我們應該如何理解這種喪禮呢？根據西方的經驗，這種喪禮可以把它簡單地理解成一種追悼的形式。在這種形式當中，亡者雖然還在，但是亡者不是喪禮的重點，整個喪禮的重心其實是放在親友的追悼上。換句話說，與其說喪

禮是為亡者而辦，倒不如說喪禮是為親友的追悼而辦。因此，在整個喪禮的過程中，如何讓親友得以抒發他們的心情，就成為整個喪禮活動的設計重點。由此可見，我們為何會在喪禮的過程中不斷看到參加的親友述說他們和亡者的過往經驗的理由所在。

當然，我們所說的追悼會只是無宗教形式喪禮的一種。既然只是一種，那就表示還有其他種。那麼，我們如何設想其他種呢？對於這個問題，一般的解決方式就是設法尋找更多的可能性。問題是，無論我們怎麼尋找，都無法窮盡所有的可能性。既然如此，我們何必那麼辛苦地一一在經驗中尋找。在此，有一種比較釜底抽薪的做法，就是從本質的角度著手。只要我們從本質的角度著手，那麼無宗教形式喪禮的所有可能性就會呈現出來。對我們而言，這樣就不用再擔心會有什麼遺漏的問題，也不用再擔心會有不知如何分辨的問題。

那麼，我們要如何找出無宗教形式喪禮的本質？就我們的了解，要找出無宗教形式喪禮的本質，除了要了解無宗教形式和有宗教形式的差別之外，還要了解無宗教形式的重點。就第一個問題而言，無宗教形式和有宗教形式的差別主要在於死後生命和死後世界的承認與否。對無宗教形式而言，死後生命和死後世界根本就不存在，完全沒有承認的需要[2]。至於有宗教形

---

[2] 請參見尉遲淦著（2014）。〈科學的生死觀及其限度〉。2014輔英通識嘉年華學術研討會——通識學術理論類與教學實務類研討會。高雄市：輔英科技大學共同教育中心，頁4-5。

式，則是承認死後生命與死後世界的存在，只是不同的宗教有不同的認知方式。就第二個問題而言，無宗教形式的重點是什麼？受到第一個問題的影響，他們認為死後生命和死後世界都不存在。既然不存在，整個喪禮的重心就只能放在生者身上。根據人間送別的習慣，當一個人要離去的時候，我們一般都會加以送別。透過這樣的送別，表達我們的難捨之情，讓離去的人可以感覺到人間的溫暖。就是這種人間的習慣，讓我們在面對死去的親人也採取相同的做法。也就是說，我們會用某種送別的方式表達對死去親人的難捨之情。以下，我們舉一個例子說明。

　　例如一位生前喜好登山的人，有一天不幸死於山難。這時，他的親人除了難過傷心之外，還會想要為他舉辦一個比較特別的喪禮。他們之所以會有這樣的想法，一方面固然是因為他生前本來就沒有什麼宗教信仰，也不認為用傳統禮俗來送有什麼好的；二方面是因為他們考慮到他對山的喜好，認為所辦的喪禮應該和他對山的喜好結合起來。於是，他們為他舉辦了一場登山活動的喪禮。在這個活動中，他們除了要求參加的親友要一起登上山頂之外，還在登山之前放映他們和亡者過往的記錄影片，喚醒他們和亡者過往的感情，讓他們在登山過程中可以重溫過往的經驗。最後，在抵達山頂之後，他們還將亡者的骨灰分送參加的親友，讓他們可以親自將亡者的骨灰灑遍整座山林，完成亡者生前回歸山林的心願。

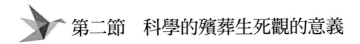

第二節　科學的殯葬生死觀的意義

在討論過科學的殯葬生死觀的具體呈現之後，我們進一步討論科學的殯葬生死觀的意義。那麼，有關科學的殯葬生死觀的意義要如何討論？對於這個問題，我們分別從由來、形式意義和實質意義這三個部分來討論。

首先，我們討論科學的殯葬生死觀的由來問題。就我們的了解，科學的殯葬生死觀不是最早出現的殯葬生死觀。在科學的殯葬生死觀出現之前，宗教的殯葬生死觀和道德的殯葬生死觀早就出現了。那麼，為什麼科學的殯葬生死觀會出現在宗教的殯葬生死觀和道德的殯葬生死觀之後呢？追究原因，是受到人類理性發展順序影響的結果。就人類理性的發展順序來看，人類最初是用價值理性來面對世界。因此，在面對生死時，也是用價值理性來面對。這種面對的結果，不是形成宗教的殯葬生死觀就是形成道德的殯葬生死觀。等到人類發展出工具理性後，就開始用工具理性來面對生死。這種面對的結果，就是形成科學的殯葬生死觀。所以，科學的殯葬生死觀的出現是和人類工具理性的發展有關。

不過，這不表示科學的殯葬生死觀的出現就只是這樣。實際上，在人類工具理性發展成熟之前，人類就已經開始為工具理性的出現作準備。就我們的了解，這種準備就是唯物論的生

死觀的出現。在科學的殯葬生死觀出現之前,唯物論的生死觀早就提出類似的看法。但是,受限於科學技術的不成熟,這種唯物論的生死觀仍然無法為廣大的人們所接受。整個情況的改觀,要到科學技術成熟到開始主宰人們生活的階段。這時,人們受到科學技術效用的影響,開始相信科學就是真理[3]。至此,科學的殯葬生死觀逐漸成為人們面對生死的一種選擇,甚至於逐漸成為主流的選擇。

其次,我們討論科學的殯葬生死觀的形式意義問題。顧名思義,科學的殯葬生死觀一定是和科學有關的殯葬生死觀。既然和科學有關,那麼我們就需要先行了解科學的意義。唯有在了解科學的意義之後,我們才能清楚知道科學的殯葬生死觀的意義。

那麼,什麼是科學呢?從一般的認知來看,所謂的科學就是指和經驗有關的知識系統。既然和經驗有關,那麼是否和經驗有關的所有知識系統都是科學呢?在此,我們需要做進一步的區分。就我們的了解,經驗至少可以分為兩種:一種是可以驗證的;一種是不能驗證的。就可以驗證的部分而言,這一部分的經驗不只可以為我們個人所覺知,也可以為其他的個人所覺知。所以,當我們大家需要驗證它時,就要看它能不能為我們所共同覺知。如果可以,那麼這個經驗就是真的。如果不可

---

[3] 同註2,頁3。

以，那麼這個經驗就是假的。不僅如此，這種經驗還可以重複出現，不會因時地的變化就只會出現一次。根據這種共同驗證性與重複出現性的特質，我們可以判斷所覺知的經驗是不是這種經驗。至於不能驗證的經驗，它就沒有這樣的特質。就算我們想要去驗證它，這種企圖也是徒勞無功的。

　　除了上述的特質之外，當這種經驗被分析構成知識系統以後，我們發現這種知識系統具有另外一個特質，就是對自然的控制作用。一般而言，其他經驗所構成的知識系統並不具有這種控制的作用，唯有這種經驗所構成的知識系統可以具有這種控制的作用。就是這種控制的作用，才讓科學得到人們的青睞，不僅成為現代人生活的主要模式，也成為判斷一切事物是否具有真實性的標準所在。

　　根據上述所說的三大特質，我們對於科學的殯葬生死觀就可以下一個形式上的定義。那麼，這個定義要包含哪一些內涵？在此，除了上述科學的特質之外，還要有殯葬生死觀的內涵。綜合來說，就是「用可驗證性的生死經驗來處理殯葬事物的知識系統」。

　　最後，我們討論科學的殯葬生死觀的實質意義。照理來講，經過上述的定義過程，我們對於科學的殯葬生死觀應該就有非常清楚的認識。可是，實際情形卻非如此。之所以如此，不是上述的形式定義不清楚，而是上述的定義可以有不同的解釋。一般而言，這種解釋可以分成兩種：一種是比較嚴格的解

釋；一種是比較寬鬆的解釋。

　　就比較嚴格的解釋來看，此處所謂的可驗證的生死經驗就會完全侷限於目前的現實經驗。對於那一些目前不在經驗範圍之內的經驗，這種解釋是採取完全否定的態度，認為這些經驗完全沒有存在的可能。但是，如果我們採取比較寬鬆的解釋，那麼這種可驗證的經驗就不只指目前的現實經驗，也指未來的可能經驗。雖然在目前的情況下，這些可能的經驗暫時無法得到認可。不過，在未來它們還是有可能成為真的。基於未來可能性的考量，這種解釋認為我們還是要保持開放的態度，承認這樣的可能性是存在的[4]。

　　因此，當我們在理解科學的殯葬生死觀的意義時就不能認為只有一種解釋，而要知道這種解釋可以有兩種。就第一種解釋而言，科學的殯葬生死觀的定義就變成「只能用目前認為可驗證為真的生死經驗來處理殯葬事物的知識系統」。就第二種解釋而言，科學的殯葬生死觀的定義就變成「用未來可驗證為真的生死經驗來處理殯葬事物的知識系統」。無論上述解釋為何，我們發現這兩種定義都是以「可驗證為真的生死經驗」作為判斷的基礎。

---

[4] 換句話說，這樣的解釋雖然還是強調經驗的決定性，但是卻為死後生命的存在保留一絲的可能性。除非死後生命的存在根本就是超經驗性的，否則死後生命還是有可能存在的。就是這種可能性，讓有的人試圖從能量的角度加以證明。

 第三節　科學的殯葬生死觀的內容

　　現在，在上述定義的基礎上，我們可以進一步討論科學的殯葬生死觀的相關內容。首先，我們討論科學的殯葬生死觀對於生命的看法。從上述的定義來看，我們可以承認的經驗只有可驗證的經驗。對於那一些不能驗證的經驗，我們就不能予以承認。按照這樣的標準，那麼哪一種生命的經驗是可以被承認的呢？就我們的了解，一個生命的經驗要被承認，它必須滿足兩個條件：一個是共同性；一個是重複性。如果一個生命的經驗不能滿足共同性和重複性，那麼這個生命的經驗就沒有辦法被承認。

　　那麼，哪一種生命的經驗是可以滿足上述的兩個條件，哪一種生命的經驗是沒有辦法滿足上述的兩個條件？根據我們的了解，一個生命的經驗之所以可以滿足上述的這兩個條件，是因為這樣的生命經驗具有可觀察性。如果不是這種可觀察性，那麼這種生命經驗就不可能被驗證。因此，我們需要進一步討論可觀察性的意義。

　　就我們所知，所謂的可觀察性其實就是指生命可以被觀察到的現象。那麼，生命有哪一些現象是可以觀察到的呢？一般而言，這樣的現象主要是指生理的現象。除了生理的現象之外，我們就觀察不到其他的現象。既然我們能夠觀察到的現象

只是生理的現象，那麼我們在判斷生命的經驗時也只能從現象來判斷。基於這樣的判斷，我們只能說生命就是一堆生理現象的存在。除了生理現象之外，就沒有其他的東西存在了。

　　這麼說來，這樣的生命是一種怎麼樣的生命？根據我們的了解，這樣的生命不是過去所說的生命。對過去的人而言，人活著除了可以觀察得到的生命現象之外，還包含著觀察不到的靈魂存在。可是，現在按照科學的殯葬生死觀的看法，除了觀察得到的生命現象之外，就沒有觀察不到的靈魂存在。既然沒有靈魂的存在，那麼人所剩下來的生命就是一種現象的活動。就現象的活動而言，我們只能從觀察得到的部分來判斷，而不能從觀察不到的部分來判斷。如此一來，生命只存在於觀察得到的時候。在觀察不到的時候，生命就不存在了。根據這樣的判斷，我們可以結論說科學的殯葬生死觀把生命看成只存在於時間中的存在。在時間之外，生命是不可能存在的。換句話說，生命是有限的存在而不是永恆的存在[5]。

　　其次，我們討論科學的殯葬生死觀對於死亡的看法。根據上述的定義，有關死亡的經驗也要從可不可驗證的角度加以判別。一個死亡的經驗如果可以加以驗證，那麼這個死亡的經驗就是真的。相反地，一個死亡的經驗如果不能加以驗證，那麼這個死亡的經驗就是假的。換句話說，一個可以驗證的死亡經

---

[5] 同註2，頁4。

驗必須滿足共同性和重複性的條件。只要一個死亡的經驗可以滿足這兩個條件，那麼這個死亡的經驗就是可以觀察的。如果一個死亡的經驗無法滿足這兩個條件，那麼這個死亡的經驗就是不能觀察的。對科學的殯葬生死觀而言，一個可以觀察的死亡經驗就是真的，一個觀察不到的死亡經驗就是假的。

基於這樣的理解，那麼什麼樣的死亡經驗是可以觀察得到的，什麼樣的死亡經驗是觀察不到的？就我們所知，死亡的生理現象是觀察得到的。除此之外，有關靈魂的精神活動則是觀察不到的。既然我們只能觀察得到死亡的生理現象，那就表示死亡的生理現象是存在的。相反地，我們觀察不到死亡的靈魂活動，那就表示死亡時靈魂是不存在的。由此可知，科學的殯葬生死觀只承認死亡是一種生理的現象，而不認為需要進一步承認靈魂的存在[6]。

既然沒有靈魂的存在，那麼科學的殯葬生死觀把死亡又看成是什麼？對它而言，在沒有靈魂的情況下，死亡不只是一種生命的暫時結束，而是永恆的結束。換句話說，在死亡發生時生命就永遠化為虛無。那麼，它的理由是什麼？其中，最主要的理由就是死亡代表一切生命活動的終止。在生命活動終止以後，過去認為還有靈魂的存在，藉著靈魂的存在維繫死後生命的存在。可是，現在科學的殯葬生死觀否定了靈魂的存在。在

---

[6] 同註2。

靈魂不存在的情況下，死後生命自然就是失去了繼續存在的依
據。所以，死亡不只代表生命的暫時結束，更代表生命的永恆
消失。

　　最後，我們討論科學的殯葬生死觀對於生命和死亡關係的
看法。根據上述的定義，可驗證性是科學的殯葬生死觀理解生
命和死亡關係的依據。按照這樣的依據，生命和死亡的關係也
必須符合共同性和重複性的條件。如果不能符合這樣的條件，
那麼這樣的關係就不能被承認。相反地，如果可以符合這樣的
條件，那麼這樣的關係就可以被承認。因此，能不能符合上述
這兩個條件是生命和死亡的關係能不能被承認的關鍵所在。

　　那麼，我們要怎麼判斷這種關係是否可以被承認呢？就我
們的了解，可觀察性還是一個很重要的關鍵。一般而言，我們
會認為生命和死亡是有關聯的。因此，一個人擁有怎麼樣的生
命就會決定他擁有怎麼樣的死亡。如果他希望死的時候可以死
得好一點，那麼他在生的時候就必須活得好一點。如果他在生
的時候沒有活得好一點，那麼他在死的時候就不可能死得好一
點。可是，對科學的殯葬生死觀而言，它認為這兩者之間的關
聯是觀察不到的[7]。因為，有的人在生的時候不見得活得好，在
死的時候卻可以死得不錯。同樣地，有的人在死的時候不見得
死得好，在生的時候卻可以活得不錯。由此可見，生命和死亡

---

[7] 同註2，頁5-6。

不是像一般人所認為的那樣有關聯，而是一點關聯都沒有。在沒有關聯的情況下，生命就是生命，死亡就是死亡。

這麼說來，生命和死亡是否就完全沒有關聯了呢？其實，根據科學的殯葬生死觀的看法情況也未必如此。因為，生命要怎麼過雖然和死亡沒有關係，但是生命不管怎麼過最後都會遭遇死亡的問題。當死亡真的出現時，生命就只能被迫接受這樣的結束。這時，無論活著的人怎麼地不想死，死亡還是不會不發生。所以，從這一點來看，死亡不是和生命沒有關聯，而是存在著負面的關聯。雖然如此，科學的殯葬生死觀不會把這種負面的關聯看成是一種對生命的價值威脅，而是認為它只是一種事實的必然，一個讓人不得不接受的必然。

 第四節　對科學的殯葬生死觀的一些省思

經過上述的討論，我們對科學的殯葬生死觀已經有了初步的了解。現在，我們如果希望對科學的殯葬生死觀有更進一步的認識，那麼就必須對這種殯葬生死觀的限度有所了解。只有在了解了這種殯葬生死觀的限度之後，我們才能說我們對於科學的殯葬生死觀有一個較深入的認識。

首先，我們從方法學的角度反省起。對科學的殯葬生死觀而言，它所有的立論都是立基於可驗證的經驗上面。如果它確

實可以證明這種可驗證的經驗真的是一切真理的標準，那麼它的立論就可以立於不敗之地。可惜的是，它卻沒有辦法證明可驗證的經驗就是一切真理的標準。之所以如此，是因為這種判斷本身是不可驗證的。如果它希望用驗證的方式加以處理，那麼就會發現這種驗證是無法得到證實的。因此，這種希望把一切真理判斷的標準都建立在可驗證性上面的想法是有問題的。

　　不僅如此，就經驗本身而言，不同的經驗有不同的作用，我們也不能把所有的經驗都鎖定在可觀察的經驗上，認為只有可觀察的經驗才是真的，其他的經驗都是假的。如果我們希望其他的經驗也是真的，那麼它就必須符合可觀察經驗的要求。實際上，這種要求是太過了。因為，不同經驗有不同的標準，我們不能用單一經驗的標準來要求所有的經驗。否則，這種要求就會踰越界限，忽略其他經驗的獨立存在價值。此時，為了尊重其他的經驗，最好的做法就是採取開放的態度，讓其他的經驗用它們自己的標準來判斷它們自己。這就是為什麼科學的殯葬生死觀在發展的過程中會逐漸往比較寬鬆的解釋方向走的理由所在。以下，我們舉一個例子說明。

　　例如有關死後生命存在的問題，就現有的生命經驗來看，死後生命是否存在其實我們是經驗不到的。但是，我們能不能由於經驗不到就立刻判斷說這樣的生命根本就不存在呢？說真的，對於這個問題我們只能說我們不知道。因為，對於經驗得到的我們才能確定地說它是存在的。但是，對於經驗不到的我

們就不能說它是存在還是不存在，最多只能說不知道。對於它的存在與否，我們只能保持開放的態度。既然如此，我們就不能像科學的殯葬生死觀那樣堅持死亡代表生命的永恆結束，只能說死亡代表生命的暫時結束。至於這樣的結束是否就是永恆的結束，我們其實是不知道的。

其次，我們反省內容本身。由於科學的殯葬生死觀否定了靈魂的存在，使得生命的存在失去了永恆的可能性，再加上死亡代表生命的永恆結束，使得死後的生命失去了存在的可能性，結果導致生命與死亡失去了內在的關聯性。在彼此沒有任何關聯性的情況下，死亡對生命不再具有任何節制的作用，讓生命可以隨意地活著。

本來，這種自由自在地活著也沒有什麼樣的問題。可是，一旦死亡來臨時，人們突然間發現生命的存在是這麼地有限。這時，人們開始覺得之前的生活方式未必就是自己真正想要的。因為，如果過去活著時是正面地生活，那麼此時就會覺得正面生活真的有意義嗎？如果真的有意義，那麼為什麼死亡會突然出現終止這一切？這種終止到底代表什麼？難道是一種生命的玩笑嗎？同樣地，如果過去活著時活得比較負面，那麼此時就會覺得這種負面對自己好嗎？為什麼過去沒有想過這樣的問題，等到死到臨頭時才開始意識到這個問題？這難道是生命對自己的懲罰嗎？無論情況是哪一種，我們都會覺得這一生的所作所為似乎都變得沒有意義。既然沒有意義，那麼我們活著

和動物又有什麼不同呢？

　　更何況，死亡對生命代表的是一種永恆的結束。這種結束對生命就會產生一種極大的威脅，讓生命產生極大的恐懼。在這種恐懼的情況下，生命不是更加坦然地面對死亡，而是更加害怕地逃避死亡。如此一來，科學的殯葬生死觀原先希望透過死亡的事實化、去價值化，讓生死得以安頓。現在，卻因生命的虛無化，反而讓生死更加地無法安頓。對它而言，這種結果是它所始料未及的，需要進一步的面對與調整。

第六章

基督宗教的殯葬生死觀

第一節　基督宗教的殯葬生死觀的具體呈現

在討論過科學的殯葬生死觀之後，我們接著討論基督宗教的殯葬生死觀。在此，我們所謂的基督宗教的殯葬生死觀主要指的是天主教的殯葬生死觀和基督教的殯葬生死觀。那麼，我們為什麼要把這兩種不同宗教的殯葬生死觀放在一起討論呢？其中，最主要的理由是這兩種殯葬生死觀表面看起來雖然不同，但在實質上卻都只是同一種信仰的不同詮釋方式。因此，我們就把這兩種不同宗教的殯葬生死觀放在一起討論。

那麼，基督宗教的殯葬生死觀在殯葬上是如何具體呈現的？就我們的了解，它們各有各的呈現方式。其中，天主教是用彌撒的方式呈現[1]，而基督教則用禮拜的方式呈現[2]。不過，無論它們的呈現方式為何，基本上這些呈現的方式都是一種宗教儀式的呈現方式。在此，我們有一點要特別注意的，就是這種宗教儀式和佛教、道教的宗教儀式不同。後者的宗教儀式是以亡者為主所舉行的儀式，而前者的宗教儀式則是以天主或上帝為主所舉行的儀式。之所以會有這樣的不同，主要在於後者認為生者對於亡者可以有所助益，而前者則認為亡者的一切來

---

[1] 請參見錢玲珠著（2001）。〈歸根——天主教的生死觀與殯葬禮〉。《社區發展季刊》，第96期，2001年12月，頁25-28。

[2] 請參見劉治平著（1989）。《哀慟的人有福了》。香港九龍：基督教文藝出版社，頁76-83。

自於天主或上帝的決定，生者是無能為力的。

　　基於上述的認知，我們進一步討論基督宗教的殯葬生死觀對於殯葬的安排。一般而言，有關殯葬的安排通常都是從死後才開始的。之所以如此，是因為它認為死後才能彰顯天主或上帝救贖的必要性。在人尚未死亡之前，雖然天主或上帝的救贖還是很必要，但是沒有我們想像的那麼急迫，人依然可以暫緩一下。可是，一旦死亡發生之後，人就沒有暫緩的可能，必須立刻進入救贖的狀態，否則就會陷入永亡的深淵。所以，從死後開始安排並不會產生什麼問題。

　　可是，這是從天主或上帝救贖的角度來說。如果我們轉換另外一個角度，從信徒得救的角度來說。那麼，這種從死後才開始的安排就顯得不夠。因為，對信徒而言，他雖然希望獲得天主或上帝的救贖，但是他也很清楚，如果他沒有進入虔誠信仰的狀態，那麼他很難有機會獲得天主或上帝的救贖。因此，為了獲得死後救贖的可能，他必須在臨終時虔誠自己的信仰。然而，人想要虔誠自己的信仰，可能沒有想像中那麼容易，這時就需要教會的幫忙。這就是為什麼天主教在臨終時會有傅油聖事舉行的理由所在。以下，我們進一步說明傅油聖事的儀式內容。

　　據專家研究，所謂的傅油聖事包括五個部分：第一個是準備禮；第二個是聖道禮；第三個是傅油聖事；第四個是領聖體；第五個是禮成式。就準備禮的部分而言，程序包括「致候、灑聖水、導言、懺悔式」等內容。就聖道禮的部分而言，

程序包括「讀經、講道、代禱」等內容。就傅油聖事的部分而言，程序包括「祈禱、覆手、祝聖病人油、傅油禮、祈禱」等內容。就領聖體的部分而言，程序包括「天主經、領聖體、結束禱文」等內容。就禮成式的部分而言，程序包括「祝福式」等內容。

此外，有關殮、殯、葬的部分，天主教也要比基督教的安排來得複雜一些。例如在殮的部分，當遺體尚未入殮之前會有守靈的儀式，而這一儀式是基督教所沒有的。這一儀式的程序，主要的內容包括「詠唱聖歌、致候與導言、開端祈禱、聖歌、聖道禮儀、祈禱文、主禮以十字架降福亡者、結束禱詞」。至於入殮的部分，儀式程序則包括「致候及導言、聖道禮、降福棺木、獻香、灑聖水、祈禱、遺體入棺、向遺體致敬、蓋棺、禮成」等內容。而基督教有關入殮的儀式，則為入木禮拜。此一禮拜的程序，內容則包括「安靜默禱、聖詩、祈禱、讀經、證道、禱告、聖詩、祝禱」。

在談完殮的部分之後，我們接著談殯的部分。就天主教而言，殯的部分主要包括出殯和告別禮。其中，出殯的儀式程序包括「歌詠、致候、祈禱、聖道禮、禱文」等內容，而告別禮的程序則包括「導言、灑聖水、歌詠或諸聖禱文、獻香、獻花、封棺、家屬及參禮者向亡者行禮、啟靈禮」等內容。至於基督教，告別禮拜的程序則包括「奏樂、宣召、聖詩、祈禱、讚美、讀經、證道、祈禱、聖詩、故人略歷、默禱、慰歌、慰

詞、慰歌、謝詞、獻詩、報告、頌榮、祝禱、殿樂」等內容。

在談完殯的部分之後，我們接著談葬的部分。就天主教而言，葬的部分除了土葬禮之外，還有火葬禮、骨灰安放禮，以及安靈禮和圓墳儀式。其中，土葬禮的程序包括「祝福墓穴、向墓穴及靈柩灑聖水及奉香、主禮導言、祈禱、靈柩入土、封墓禮、歌詠、拜別禮」等內容；火葬禮的程序包括「致候與導言、諸聖禱文、灑聖水、家屬及參禮者向靈柩行禮、點火、禮成歌詠」等內容；骨灰安放禮的程序包括「致候與導言、灑聖水、聖詠、天主經及祈禱、結束祝禱、封碑、獻花、家屬及參禮者行禮致敬」等內容；安靈禮的程序包括「安放靈位、家屬向遺像或靈位行禮、灑聖水、祝福、禮成歌詠」等內容；圓墳儀式的程序包括「讚美詩或聖歌、祈禱文、灑聖水、禮成」等內容。就基督教而言，葬的部分只有安葬禮拜，程序則包括「聖詩、聖經、祈禱、安葬、聖詩、祝禱」等內容。

至於祭的部分，基督教主要有週年追思禮拜，內容包括「追思、安慰、盼望、讚美主」。之外，就沒有其他祭的安排。相反地，天主教除了週年追思彌撒之外還安排了做七的儀式。之所以如此安排，主要是為了配合做七的本土化要求。其中，頭七的主題是和耶穌面對死亡有關，二七的主題是和十字架——苦難的奧蹟有關，三七的主題是和聖瑪利亞——痛苦之母、憂者之慰有關，四七的主題是和如果我們與基督同死，也必與祂同生有關，五七的主題是和我們期待著肉身的救贖有

關，六七的主題是和你們在天上的賞報是豐厚的有關，七七的主題是和新天新地——基督要永遠消除死亡有關；至於程序的部分則包括「致候、主禮導言、歌詠、聖道禮、諸聖禱文、向亡者敬禮（獻香、花、果、酒，及三鞠躬禮）、祝福及遣散」等內容。

 ## 第二節　基督宗教的殯葬生死觀的意義

在了解基督宗教的殯葬生死觀的具體呈現之後，我們進一步討論基督宗教的殯葬生死觀的意義。那麼，我們要如何了解基督宗教的殯葬生死觀的意義？對於這個問題，我們可以分三個部分來討論：第一個就是基督宗教的殯葬生死觀是如何出現的；第二個就是基督宗教的殯葬生死觀的形式意義；第三個就是基督宗教的殯葬生死觀的實質意義。

首先，我們討論第一個問題。一般而言，我們對於這個問題的解答通常會從歷史背景來回答。之所以如此，是因為歷史背景可以交代基督宗教的殯葬生死觀是如何出現的。那麼，這個讓基督宗教的殯葬生死觀出現的歷史背景是什麼呢？根據我們的了解，這個讓基督宗教的殯葬生死觀出現的歷史背景就是猶太教的殯葬生死觀[3]。

---

[3] 請參見傅偉勳著（1993）。《死亡的尊嚴與生命的尊嚴——從臨終精神醫學到現代生死學》。台北：正中書局，頁115。

這麼說來，基督宗教的殯葬生死觀是在猶太教的殯葬生死觀的影響下才出現的。話雖如此，這不表示基督宗教的殯葬生死觀只是猶太教的殯葬生死觀的單純翻版。因為，基督宗教的殯葬生死觀如果只是猶太教的殯葬生死觀的單純翻版，那麼基督宗教的殯葬生死觀就失去其自身的獨立存在價值。現在，我們之所以會把這兩者做一區隔，認為彼此之間各有各的獨立存在地位，最主要的理由就是這兩者是屬於不同宗教的殯葬生死觀。

　　那麼，這兩者之間的關聯為何呢？就我們的了解，這兩者之間既有傳承的部分也有差異的部分。就傳承的部分而言，基督宗教的殯葬生死觀和猶太教的殯葬生死觀一樣，都認為整個宇宙是由一位造物主無中生有創造出來的。不僅如此，在創造宇宙之後，祂更進一步根據自己的肖像創造了人，並賦予人管理萬物的權力。同時，祂和人約法三章不准人吃智慧樹上的果子。如果人不遵守約定，那麼人將會遭受死亡的懲罰。後來，人在蛇的誘惑下吃了智慧樹上的果子，從此以後開始有了死亡。由於死亡的懲罰不是來自於人本身，所以人沒有能力可以超越。如果人要超越，那麼就只有透過造物主的救贖才有可能[4]。

　　除了上述的共同部分之外，基督宗教的殯葬生死觀和猶太

---

[4] 同註3，頁114。

生死觀

教的殯葬生死觀還有其差異的部分。就這一部分而言，兩者的最大差異在於有關救贖說法的不同[5]。就猶太教的殯葬生死觀而言，人要救贖就必須虔誠信仰耶和華，嚴格遵守耶和華所頒布的律法。只要嚴格遵守耶和華的律法，那麼人就會得到耶和華的賜福，活得長長久久。至於死後人會去哪裡，對於這個問題猶太教的殯葬生死觀就不太著墨。如果勉強要說，那麼就只能說人死後會去陰間，並不見得會到耶和華那裡去。

可是，對基督宗教的殯葬生死觀而言，人的救贖不僅要遵守天主或上帝的律法，更重要的是要虔誠信仰天主或上帝，並以耶穌基督為中保，效法耶穌基督死而復活的精神，這樣人才有獲得救贖的可能。同時，當人死後獲得救贖的時候，人就不會前往陰間受苦，而會前往天主或上帝所在的天堂或天國，從此以後獲得永恆的生命，不再受困於死亡的威脅。就這一點而言，基督宗教的殯葬生死觀是猶太教的殯葬生死觀的進一步發展與落實，讓救贖的理想不再與現實糾纏不清，重新回歸宗教本身的純粹性。

其次，我們討論第二個問題。從字面的意思來看，所謂的基督宗教的殯葬生死觀就是與基督宗教有關的殯葬生死觀。既然這種殯葬生死觀是和基督宗教有所關聯，那麼我們就必須先了解什麼是基督宗教的意思，這樣才能了解為什麼這種殯葬生

---

[5] 同註3，頁114-115。

死觀要叫做基督宗教的殯葬生死觀。因此，在形式意義的討論上，我們需要把基督宗教的殯葬生死觀分成兩個部分：一個是基督宗教的意義；一個是殯葬生死觀的意義。以下，我們從基督宗教的意義開始討論起。

　　就我們的了解，所謂的基督宗教包括天主教和基督教這兩種宗教。從外在名稱來看，這兩種宗教是不同的宗教。但是，如果從信仰來看，那麼我們就會發現這兩種宗教都信仰一樣的造物主。其中，天主教稱這個造物主為天主，基督教稱這個造物主為上帝。無論稱呼為何，它們都認為這個造物主就是無中生有創造宇宙和人的造物主。那麼，它們為什麼會相信宇宙和人就是由這個造物主所創造的呢？這是因為它們都相信啟示的說法，認為這是由造物主所親自啟示的，記載於《聖經》之中。既然宇宙和人都是由造物主所創造出來的，那麼關於宇宙和人的生死當然也都根據造物主的安排[6]。於是，我們在了解人的生死時就應該根據這樣的認知來了解。

　　在討論過基督宗教的意義之後，我們進一步討論殯葬生死觀的意義。就我們的了解，殯葬生死觀的意義是指與殯葬有關的生死觀。既然和殯葬有關，所以我們討論的就不是一般的生死觀，而是和殯葬有緊密關聯的生死觀。那麼，和殯葬有緊密關聯的生死觀有何特質？簡單來說，這種生死觀就必須具有可

---

[6] 同註1，頁24-25。

執行性，可以成為我們處理喪事的依據。否則，這樣的生死觀
只是一般的生死觀。

　　根據上述的討論，我們現在可以對基督宗教的殯葬生死觀
下一個形式上的定義。從上述的討論可知，所謂的基督宗教指
的就是「以天主或上帝為中心所形成的信仰」，所謂的殯葬生
死觀指的就是「能夠用在殯葬處理上的生死知識系統」。綜合
這兩種說法，我們就可以從形式意義的角度把基督宗教的殯葬
生死觀定義為「用天主或上帝所啟示的生死信仰來處理殯葬事
物的知識系統」。

　　最後，我們討論第三個問題。照理來講，透過上述對於基
督宗教的殯葬生死觀的形式定義的討論，我們應該對基督宗教
的殯葬生死觀的意義已經有了很清楚的認識。可是，只要我們
了解得再深入一點，就會發現這樣的認識還不夠。因為，基督
宗教的殯葬生死觀雖然是「用天主或上帝所啟示的生死信仰來
處理殯葬事物的知識系統」，但是它更重要的不是這種知識的
了解，而是信仰的實踐。因此，我們在討論時就必須把重點從
知識的了解往信仰的實踐方向移動。根據這樣的移動，我們的
重點就變成這樣的生死信仰如何被實踐與完成。

　　就這一點而言，救贖就成為整個討論的核心。因為，如果
沒有救贖的可能，那麼所謂的生死除了事實的意義之外就沒有
其他的價值意義。但是，對基督宗教的殯葬生死觀而言，回歸
天主或上帝的救贖是很重要的，它決定了人有沒有機會可以超

越死亡的威脅，甚至於獲得永恆生命的可能性。所以，作為救贖見證的耶穌基督就成為關鍵性的人物。對基督宗教的信徒而言，一個人只要把耶穌基督當成中保，讓耶穌基督成為自己心中的主，效法耶穌基督受難的精神，那麼他就有機會重新獲得天主或上帝的接納，成為天堂或天國的子民[7]。

　　根據上述的討論，我們現在可以清楚了解到基督宗教的殯葬生死觀的形式定義是不夠的。它的不夠在於只是概括地提出作為整個殯葬生死觀依據的天主或上帝的生死信仰。至於天主或上帝的生死信仰在實踐上應該如何落實，並沒有進一步明白表達出來。為了讓這樣的實踐精神可以明白表達出來，我們進一步將基督宗教的殯葬生死觀從實質意義的角度重新加以定義為「用耶穌基督受難的生死經驗來處理殯葬事物的知識系統」。

 ## 第三節　基督宗教的殯葬生死觀的內容

　　在討論過基督宗教的殯葬生死觀的意義之後，我們接著討論基督宗教的殯葬生死觀的內容。在此，我們有三個問題要討論：第一個就是基督宗教的殯葬生死觀對於生命的看法；第二個就是基督宗教的殯葬生死觀對於死亡的看法；第三個就是基

---

[7] 同註3，頁115-119。

督宗教的殯葬生死觀對於生命與死亡關係的看法。

　　首先，我們討論第一個問題。就我們的了解，要討論基督宗教的殯葬生死觀對於生命的看法就必須從天主或上帝創造宇宙和人的地方開始。之所以從這個地方開始，是因為創造是基督宗教的殯葬生死觀的特點所在。根據創造的說法，基督宗教的殯葬生死觀認為宇宙的一切（包括人在內）都是天主或上帝從無中生有所創造出來的。既然一切都是祂所創造出來的，那麼祂對於這一切當然就擁有絕對的權力，想要讓這一切變成什麼樣子就變成什麼樣子。不過，祂並沒有這樣做。相反地，祂為了這一切的管理特別根據自己的肖像創造出了人，讓人成為祂在宇宙間的代理者，管理這一切的存在。

　　雖然如此，在伊甸園當中，人並不是完全沒有限制存在。基本上，只要人遵守和上帝的約定，人是不會受到任何限制的。換句話說，人是可以使用任何的資源，甚至於包括生命樹上的果子。就是這些生命樹上的果子，讓人彷彿已經生活在永生的世界之中。可是，人如果違反和天主或上帝的約定，那麼人將會受到死亡的懲罰，變成會死的人。從這一點來看，基督宗教的殯葬生死觀最初認為只要人不觸犯與天主或上帝的誓約，人是有永恆生命的可能。但是，在蛇的誘惑下，人為了與天主或上帝一樣，人是很難不違反誓約的。在違反誓約的情形下，基督宗教的殯葬生死觀認為人是會死的生命，一個有限的生命。根據這樣的說法，基督宗教的殯葬生死觀說明了人現在

的生命為什麼是有限的理由。

　　其次，我們討論第二個問題。就我們的了解，要討論基督宗教的殯葬生死觀對於死亡的看法就必須從人違反誓約受罰的地方開始。根據《聖經》的記載，人原先是沒有死亡的。對人而言，《聖經》雖然沒有直接指出人的生命是有限還是無限的，但是就人可以吃生命樹上的果子來看，人的生命是沒有終期的。在沒有終期的情況下，人的生命是不會出現死亡的。所以，從《聖經》最初的記載來看，對人而言，死亡是不存在的[8]。

　　不過，這種情形後來就改變了。之所以會改變，是因為蛇的介入。就今天的觀點來看，蛇就代表了慾望的誘惑。對人而言，人不能滿足於只是受造的地位，認為自己既然就是天主或上帝的肖像，那麼就應該和天主或上帝一樣無所不能。於是，在蛇的誘惑下吃了智慧樹上的果子，也就是所謂的禁果。結果不但沒有變成全能的天主或上帝，反而因為違反誓約受到了天主或上帝的懲罰，變成會死的存在。從此以後，死亡就進入人的生命之中，讓人不再享有生命樹上果子所帶來的無限生命可能。

　　這麼說來，人是否從此以後就只能過著有限的生命，不再享有過往伊甸園中無限生命的可能？對基督宗教的殯葬生死觀而言，這樣的生命是不完整的。如果人希望重新獲得永恆生命

---

[8] 請參見尉遲淦著（2003）。《禮儀師與生死尊嚴》。台北：五南圖書出版股份有限公司，頁210。

的可能，那麼人就必須設法修復他和天主或上帝之間的關係，讓這樣斷裂的關係可以重新恢復。為了達成這目的，基督宗教的殯葬生死觀認為只有人的努力是不夠的，還需要天主或上帝的主動恩典。因為，無論人多麼努力，死亡的懲罰畢竟是來自於天主或上帝，所以人是沒有能力解除的。如果要解除這樣的懲罰，那麼只有天主或上帝的主動恩典才有可能。因此，人要重新恢復他和天主或上帝的關係是需要天主或上帝認可的。

那麼，人要如何做才能得到天主或上帝的認可呢？就這一點而言，我們在第三個問題的討論中會提到。對基督宗教的殯葬生死觀來說，由於人和天主或上帝的距離是無限的，因此人無法直接和天主或上帝往來。如果人要和天主或上帝往來，那麼就必須有一個中間的媒介。可是，這個媒介不能直接從人這一邊產生。如果直接從人這一邊產生，那麼這個媒介將無法有效連結有限和無限這兩端。所以，為了有效連結這兩端，這個媒介必須是從天主或上帝這一邊產生。於是，根據《聖經》的說法，天主或上帝派遣祂的獨子耶穌基督降生為人，經歷各種苦難，最後被釘在十字架上，三天後死而復活，成為救贖人類的中保。如此一來，人想要獲得救贖就有了一個最佳的典範，告訴世人只要追隨耶穌基督的腳步，人都有機會可以獲得救贖，重新恢復與天主或上帝的關係，獲得伊甸園時的永恆生命

---

9 同註8，頁212-214。

9。

　　由此可見，在耶穌基督中保的作用下，人的死亡就不只是單純地死亡，彷彿人死了以後就什麼也沒有，有如科學的殯葬生死觀所說那樣。相反地，只要人願意相信天主或上帝，把耶穌基督當成自己心中的主，效法耶穌基督受難的精神，那麼當死亡來臨時，我們不僅不會死得一無所有，還會因著對主的虔誠信仰，成為擁有一切的永恆生命。因為，這一切都是經過主的救贖之後所成就出來的。從這一點來看，對基督宗教的殯葬生死觀而言，死亡對人不但不是一種毀滅，反而是一種成全，讓人有機會可以圓滿自己的生命。

　　最後，我們要討論的是這樣的殯葬生死觀和前面所提到的宗教儀式到底有什麼樣的關係。就我們的了解，基督宗教的殯葬生死觀在處理殯葬事物時是用宗教的儀式來處理，而這樣的宗教儀式不是以亡者為主所舉行的儀式，而是以天主或上帝為主所舉行的儀式[10]。現在，經過上述的討論，我們應該已經很清楚這樣處理的理由。因為，對基督宗教的殯葬生死觀而言，死亡如果只是肉體的死亡，那麼這樣的死亡是沒有什麼好處理的。可是，死亡如果不只是肉體的死亡，更是靈魂可以恢復他和天主或上帝關係的機會，那麼這樣的機會我們當然要好好把握。倘若我們沒有好好把握，那麼在死後就什麼都沒有，只

_____

[10] 同註2，頁71-72。

好待在撒旦或魔鬼所統治的地獄之中。為了避免這種悲慘的後果，所以基督宗教的殯葬生死觀在辦喪事時就會把救贖的可能性擺在第一位。

雖說救贖是辦喪事時的最優先考慮，但是這樣說的結果並不是指對象就是亡者。因為，根據基督宗教的殯葬生死觀的看法，亡者在死後就不再進行信仰的抉擇活動或精進活動。就算我們在辦喪事時把儀式的重心放在亡者身上，對亡者也產生不了實質的幫助。更何況，有關死後的世界只有天主或上帝可以介入，人是無能為力的。在這種情況下，我們雖然對亡者不能做些什麼，卻可以藉著幫亡者辦喪事的機會對生者做些什麼，讓生者有機會可以堅定他們的信仰，未來有機會可以得到救贖，進入永生的國度。這就是為什麼在基督宗教的殯葬生死觀中會把辦喪事的宗教儀式鎖定在生者身上的理由所在。

 第四節　對基督宗教的殯葬生死觀的一些省思

在經過對基督宗教的殯葬生死觀的內容有所了解之後，我們現在進行最後的省思。之所以要有這樣的省思，是因為我們希望對基督宗教的殯葬生死觀有一個更加深入的了解。為了達成這樣的目的，我們需要進一步省思基督宗教的殯葬生死觀可能出現的問題。唯有清楚認識這些問題，我們對於基督宗教的

殯葬生死觀才會有更深入的了解。在此，我們分成兩個部分來討論：第一個部分就是方法學的部分；第二個部分就是內容的部分。

　　首先，我們討論方法學的部分。根據上述的討論，我們知道基督宗教的殯葬生死觀認為它所相信的內容是來自於天主或上帝的啟示。既然是來自於天主或上帝的啟示，那麼這種啟示的內容就斷然不會有錯誤的可能。可是，從方法學的角度來看，這樣的認定其實只是內部主觀的認定，並不是外部客觀的認定。如果它不只是內部主觀的認定，同時也是外部客觀的認定，那麼這樣的相信就是絕對真理的相信。可惜的是，就我們所知，這樣的認定只是內部主觀的認定，而不是外部客觀的認定。雖然基督宗教的殯葬生死觀曾經想把這樣的認定變成外部客觀的認定，但是無論它怎麼努力，整體的成效並沒有想像中的那麼好[11]。之所以如此，是因為在基督宗教的殯葬生死觀以外還有其他的殯葬生死觀的存在。對其他的殯葬生死觀而言，它們和基督宗教的殯葬生死觀一樣，都要設法維護自己存在的正當性，確認自己為唯一真理的地位。因此，在這種情況下，基督宗教的殯葬生死觀實在很難獲得外部客觀的認定。

　　這麼說來，基督宗教的殯葬生死觀是否就只好成為所有殯

---

[11] 例如利用船堅炮利把基督宗教推向世界，設法讓基督宗教變成普世宗教，但是並沒有十分成功，世界各地仍有許多人信仰著他們自己的宗教。

生死觀

葬生死觀的一個，只具有內部主觀的認定，而不具有外部客觀的認定？其實，情況未必如此。因為，外部的客觀認定固然重要，但信徒的唯一相信更加重要。對基督宗教的殯葬生死觀而言，外部的客觀認定雖然可以增加人們的相信度，但是能夠讓它屹立不搖認為可以安頓人們生死的則是人們實踐的有效性。所以，就這一點而言，實踐的有效與否其實才是真正決定基督宗教的殯葬生死觀是否會被接納的關鍵所在[12]。至於其他的殯葬生死觀是否比基督宗教的殯葬生死觀更加接近真理，並沒有表面看的那麼重要。

其次，我們討論內容的部分。從內容的部分而言，基督宗教的殯葬生死觀認為人的救贖是要經過天主或上帝的認可。如果沒有天主或上帝認可，那麼人的救贖就會變得不可能。這時，人因著與天主或上帝的分離，失去了存在的支持，只好墮入撒旦或魔鬼的地獄之中，過著宛如虛無的生活。相反地，如果得到天主或上帝的認可，那麼人的救贖就會變得可能。這時，人因著與天主或上帝的和好，重新獲得存在的支持，就可以進入天主或上帝的國度，過著美好的永生生活。

問題是，這種救贖成功與否的決定不是來自於人自身的信仰，而是來自於天主或上帝的旨意，而天主或上帝的旨意卻又不是人可以任意揣測的。所以，在這種情況下，我們實在很難

---

[12] 這就是傅偉勳教授強調心性體認本位的重要性的理由所在。

確認天主或上帝的旨意會是什麼。其中，雖然有耶穌基督的存在作為中保，似乎為我們的得救露出了一道曙光，但是基本上我們還是不知道信靠主的結果是否一定有效。因此，在生死的安頓上，我們會為自己的抉擇顯得忐忑不安，不知這樣的抉擇與堅持是否正確。

　　為了避免這種不確定因素的影響，我們似乎需要進一步確認得救與否的必要條件，讓整個救贖的說法可以產生真正圓滿的效果。例如齊克果就曾經提出他個人的看法，認為無條件的信仰就是一個人獲得救贖的最佳保證[13]。如果這樣的看法是正確的，那麼我們就可以在基督宗教的殯葬生死觀中找出比較確定的因素，來解決人是否可以得救的不確定問題。

---

[13] 因為信仰的無條件就是讓信仰者進入全然無目的與無我的狀態，在這種狀態下人不再與天主或上帝有分，既然無分，那麼救贖自然就有可能出現。

第七章

佛教的殯葬生死觀

佛教的殯葬生死觀的具體呈現

佛教的殯葬生死觀的意義

佛教的殯葬生死觀的內容

對佛教的殯葬生死觀的一些省思

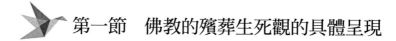

第一節　佛教的殯葬生死觀的具體呈現

　　在討論過基督宗教的殯葬生死觀之後，我們接著討論佛教的殯葬生死觀。根據我們的了解，佛教的殯葬生死觀就像基督宗教的殯葬生死觀那樣用宗教的儀式來具體呈現自己。不過，佛教的殯葬生死觀所具體呈現的宗教儀式重點和基督宗教的殯葬生死觀所具體呈現的宗教儀式不一樣。對後者而言，宗教儀式的舉行是以天主或上帝為對象。對前者而言，宗教儀式的舉行則是以亡者為對象。之所以有這樣的差別，主要理由在於後者認為人對於死亡是無法介入的，而前者則認為人對於死亡是可以介入的[1]。基於這種可介入性，佛教的殯葬生死觀認為我們所舉行的宗教儀式對亡者是有幫助的。

　　那麼，在殯葬處理的不同階段它所提出的宗教儀式為何[2]？首先，我們從臨終部分開始討論起。在臨終部分，它所採取的宗教儀式就是助念。最初，這樣的助念重點放在人剛剛往生的時候。因此，這時的助念正確來說是初終助念。不過，後來發現這樣助念的結果效果並沒有那麼好。如果我們希望助念可以

---

[1] 請參見尉遲淦著（2011）。《禮儀師與殯葬服務》。新北市：威仕曼文化事業股份有限公司，頁210-211。

[2] 請參見星雲大師編著（1997）。《佛教（七）儀制》。高雄縣：佛光出版社，頁260-306。

發揮更好的效果，那麼就必須把助念提前到臨終的時候。因為，在臨終時臨終者的意識還是清醒的，倘若這時我們就可以幫助臨終者提振精神，把精神完全集中在佛號的誦念上，那麼這種幫助最容易產生效果。所以，最初在人初終時才提供的臨終助念就提前到臨終時的臨終助念。

　　無論是初終助念還是臨終助念，這樣的助念用意何在，是如何幫助臨終者或初終者的？就我們的了解，這樣的助念目的在於協助臨終者或初終者安然度過死亡的關卡。對佛教的殯葬生死觀而言，人在遭遇死亡時除了內心的恐懼害怕外，更重要的是，對死亡過程的不了解。這時，如果我們沒有提供相應的協助，那麼他們就沒有辦法順利通過死亡的關卡。因此，為了讓他們可以順利通過死亡的關卡，佛教的殯葬生死觀除了告訴他們死亡過程可能有的遭遇外，更告訴他們如何做才能安然度過這樣的關卡。

　　根據這樣的了解，我們在助念時需要注意什麼樣的事情？就佛教的殯葬生死觀的說法來看，人在進入死亡的狀態時會出現神識與身體分離的痛苦。既然會出現分離的痛苦，那麼我們在助念時就不應該增加亡者的痛苦，而要設法消解他的痛苦，讓他的神識可以順利脫離身體進入中陰身的狀態。為了達成這個目的，在助念時就有兩方面的規定：第一方面規定生者既不要碰觸亡者的身體，也不要在亡者面前哭泣；第二方面規定生

者要全心為亡者助念，藉著助念引導亡者往西方淨土的路走[3]。

那麼，這樣的助念要助念多久？程序為何？就我們的了解，這樣的助念一般需要助念八到十二小時之久[4]。之所以如此，是因為這是神識離體所需要的時間。如果我們沒有助念到那麼久，那麼在無法確知亡者神識是否離體的情況下，我們對亡者的協助就沒有辦法發揮最大的效益。所以，為了確保我們對亡者的助益，在助念時就必須助念到八到十二小時之久。至於程序的問題，就我們的了解，程序可以是「唱香讚（蓮池讚）、佛說阿彌陀經、往生咒、讚佛偈（阿彌陀佛身金色）、佛號、三皈依、回向（願生西方淨土中）」。

其次，我們討論入殮部分。在入殮部分，佛教的殯葬生死觀安排了入殮佛事。在此，入殮佛事和傳統禮俗有個很大的不同，在於入殮佛事沒有傳統禮俗的遮神作為。之所以沒有，是因為如果把佛遮起來，那麼亡者就沒有佛來接引，就沒有辦法順利前往西方淨土。因此，基於亡者需要佛的接引的考量，在入殮佛事中就沒有遮佛作為的安排[5]。

那麼，入殮佛事的儀式和程序為何？就我們的了解，入殮佛事的儀式和程序如下：「焚香、對佛像三拜、對亡者遺像三

---

[3] 請參見智敏・慧華金剛上師（1991）。《往生之鑰——超越生死之道》。台北市：諾那・華藏精舍，頁45-58。

[4] 同註3，頁6-7，61。

[5] 此一解說可以作為傳統禮俗遮神的參考，重新思考遮神儀式的存在意義與價值為何？

拜、讀送別偈、蓮池讚、南無西方接引阿彌陀佛（三稱）、佛
說阿彌陀經、往生咒、讚佛偈（阿彌陀佛身金色）、念佛（遺
體入殮，繞棺三匝）、掩棺、對棺三拜、對佛三拜、三皈依、
回向（願生西方淨土中）、禮成」。

　　接著，我們討論殯的部分。在殯的部分，佛教的殯葬生死
觀安排了告別奠禮，程序如下：「告別奠禮開始、奏哀樂、遺
族就位、遺族上香、遺族獻花、果、供飯菜、遺族復位、恭請
法師就位、誦經：蓮池讚、西方接引阿彌陀佛（三稱）、心經
一遍、往生咒三遍、變食真言、甘露水真言、普供養真言各三
遍、讚佛偈、念佛（念佛時繞靈柩三匝，歸位時收佛號）、大
乘常住三寶三遍（遺族三拜、長跪）、主法者開示法語（主法
者先對亡者開示法語，再轉身對遺族開示法語）、三皈依、回
向、法師退位、親友弔祭、親友拈香、遺族致謝詞、奏哀樂、
禮成」。

　　再來，我們討論葬的部分。在葬的部分，佛教的殯葬生死
觀安排了安葬佛事。其中，為了配合傳統禮俗的需要，也安排
了送五穀文以及點主的儀式。不過，由於不是必要的儀式，在
此就不討論了。至於安葬佛事的程序，內容如下：「清涼地菩
薩摩訶薩（三唱）、西方接引阿彌陀佛（三稱）、心經、往生
咒、變食真言、讚佛偈、念佛（繞墓穴三匝，歸位收佛號）、
三皈依、回向」。

　　除了上述的土葬程序外，佛教的殯葬生死觀還安排了火化

程序和骨灰安放程序。就火化程序而言，安排如下：「清涼地菩薩摩訶薩（三唱）、西方接引阿彌陀佛（三稱）、心經、往生咒、變食真言、讚佛偈、念佛（念至靈柩送進火化爐後收佛號）、主法者開示火化法語、三皈依、回向、家屬代表啟動火化開關」。就骨灰安放程序而言，安排如下：「清涼地菩薩摩訶薩（三唱）、西方接引阿彌陀佛（三稱）、心經、往生咒、變食真言、三皈依、回向」。

在葬完返主時，為了安奉亡者的靈位，佛教的殯葬生死觀還安排了安位灑淨儀式，程序如下：「清涼地菩薩摩訶薩（三唱）、西方接引阿彌陀佛（三稱）、大悲咒、往生咒、變食真言（大悲咒時遺族帶法師至家中各處灑淨，或於誦經結束後灑淨亦可）、三皈依、回向」。

最後，我們討論祭的部分。在祭的部分，除了對年和合爐的祭祀之外，最重要的就是做七的佛事。那麼，為什麼做七的佛事最重要呢？這是因為人死後每七天就有一次投胎轉世的機會，而亡者本身卻不知道如何選擇才是對的。所以，在這種情況下，如果我們希望亡者死後有更好的去處，那麼就必須善用每一次做七的機會，讓亡者可以了解怎麼做才會有更好的下一世。

一般而言，這樣的做七佛事是每七天做一次。不過，受到時代因素的影響，目前一般的做法只做頭尾七或滿七。那麼，這種做七的程序為何呢？一般有不同的版本，例如「楊枝淨水

讚（或爐香讚）、南無大悲觀世音菩薩（三稱）、開經偈、普
門品（或阿彌陀經、金剛經、地藏經等）、三皈依、回向」就
是版本之一；而「蓮池讚、南無西方接引阿彌陀佛（三稱）、
心經、往生咒、變食真言、讚佛偈、念佛、三皈依、回向」則
是另外一個版本。

 ## 第二節　佛教的殯葬生死觀的意義

　　在討論過佛教的殯葬生死觀的具體呈現之後，我們接著討
論佛教的殯葬生死觀的意義。一般而言，所謂的佛教的殯葬生
死觀顧名思義就是與佛教有關的殯葬生死觀。那麼，對於這樣
的殯葬生死觀的意義我們要如何討論？就我們的了解，這樣的
討論可以分成三個部分：第一個就是由來的部分；第二個就是
形式意義的部分；第三個就是實質意義的部分。以下，我們分
別討論。

　　首先，我們討論由來的部分。就我們的了解，佛教的殯葬
生死觀的出現是來自於印度教的殯葬生死觀。不過，這種由來
並不是說佛教的殯葬生死觀只是傳承印度教的殯葬生死觀。實
際上，它對印度教的殯葬生死觀是既有傳承也有批判的部分。
就是這種批判的部分，讓佛教的殯葬生死觀具有獨立的存在價
值。如果不是這樣，那麼佛教的殯葬生死觀只是印度教的殯葬

生死觀的翻版而已。

那麼，佛教的殯葬生死觀從印度教的殯葬生死觀當中傳承了什麼？就我們的了解，它傳承了有關業論和輪迴的說法。在此，所謂的業論指的就是每一個人活著的時候就會造業，而個人造業的結果就會遭受業報，而業報的結果最終就會導致個人的痛苦。因此，每一個人都在造業和業報的循環當中沒有例外。不過，由於人的壽命有限，因此當這一世業報終了的時候人就會死亡。之後，人就會投胎轉世到下一世。如此的結果，人的業報就一世一世的輪迴下去，永無止盡。同時，人的痛苦也會永無止盡。面對這樣的苦海無涯，不只印度教的殯葬生死觀想要解決問題，連佛教的殯葬生死觀也想要解決問題[6]。

可是，佛教的殯葬生死觀認為印度教的殯葬生死觀在解決問題時所提出的答案是有問題的。對它而言，它並不認同印度教的殯葬生死觀所認為的回歸真我才是超越業報和輪迴的真正方法。之所以如此，是因為它認為宇宙中根本就沒有大梵的存在，也沒有真我的存在。既然祂們都不存在，那麼與祂們合一的結果就等於沒有合一。在沒有大梵和真我可以依靠的情形下，人就會繼續存在於業報和輪迴之中，永遠沒有脫離苦海超越生死的一天。所以，為了解決業報與輪迴的問題，讓人可以真正超越生死，佛教的殯葬生死觀提出了無自性的說法，使生

---

[6] 請參見傅偉勳著（1993）。《死亡的尊嚴與生命的尊嚴——從臨終精神醫學到現代生死學》。台北：正中書局，頁140。

死輪迴和涅槃解脫可以真正的合一[7]。

　　其次，我們討論形式意義的部分。就上述名詞的解釋，所謂的佛教的殯葬生死觀指的就是與佛教有關的殯葬生死觀。但是，這樣解釋的結果只會讓我們知道這樣的殯葬生死觀是和佛教有關，卻無法讓我們確切得知佛教是什麼。所以，如果我們希望能夠確切卻知道佛教是什麼，那麼就必須進一步說明佛教的意義。唯有如此，我們對佛教的殯葬生死觀才能有進一步的了解。

　　那麼，我們要怎麼了解佛教的意義呢？就我們的了解，要了解佛教的意義就必須先了解佛教的教義。對佛教而言，佛教所要處理的問題就是與生死有關的問題。那麼，它為什麼要處理這樣的問題呢？這是因為它認為這樣的問題才是生命根本的問題。如果這樣的問題沒有辦法得到妥善的處理，那麼生命就沒有辦法得到真正的安頓。因此，為了真正安頓我們的生命，我們需要妥善處理這樣的問題。

　　既然如此，那麼它如何解決這樣的問題？對它而言，要解決這樣的問題就必須了解生命的本質。如果我們不了解生命的本質，那麼就算找到了答案，這樣的答案也不會是真正的答案。所以，為了找尋真正的答案，它必須先了解生命的本質。根據它的了解，所謂的生命的本質不像一般了解那樣，是一個

---

[7]同註6，頁154。

有我的存在。實際上，這樣的我只是五蘊和合的結果。既然是五蘊和合的結果，那麼這樣的我只是一個無自性的存在。在無自性的情況下，一切對於生命的所作所為就不像一般所了解的那樣固定不變。如此一來，只要我們能夠徹底了悟自我的空性、萬物的空性，那麼自然就可以超越輪迴，不再受到業報的束縛，進入涅槃解脫的境界。對佛教而言，這就是它的存在任務。

根據這樣的了解，佛教就成為設法從空性中解決生死問題的宗教。現在，我們就從這樣的了解來界定佛教的殯葬生死觀的形式意義。在界定之前，我們先簡單了解一下殯葬生死觀的意義。就上述的討論，所謂的殯葬生死觀就是處理殯葬事物的生死知識系統。既然是處理殯葬事物的生死知識系統，那麼和佛教結合以後就變成用佛教的方式處理殯葬事物的生死知識系統。不過，只有這樣的了解還不夠。因為，這樣的了解並沒有把佛教的方式說明清楚。所以，我們還需要進一步解釋佛教的方式才能清楚界定佛教的殯葬生死觀的意義。如此一來，佛教的殯葬生死觀就必須定義為「用空性的生死智慧來處理殯葬事物的知識系統」。

最後，我們討論實質意義的部分。從上述的討論可知，佛教的殯葬生死觀的形式意義為「用空性的生死智慧來處理殯葬事物的知識系統」。表面看來，這樣的形式定義非常清楚，我們不應該再產生疑問。可是，只要我們更深入了解，就會發現

還是有問題存在。那麼，這個問題是什麼？就我們的了解，這個問題就是自力與他力的問題。對一個慧根很夠的人而言，他本身就有足夠的悟性去了悟生死的空性。但是，對一個慧根不夠的人而言，如果我們希望他能夠自我了悟，那麼可能是緣木求魚的事情。因此，對這樣的人而言，他需要別人的幫忙。只有在別人的協助下，他才有機會了悟生死。

　　基於這樣的了解，我們不能把「用空性的生死智慧來處理殯葬事物的知識系統」看成是只有一種意義。實際上，根據上述的了解，我們應該把「用空性的生死智慧來處理殯葬事物的知識系統」看成兩種不同的意義。其中，第一種意義就是透過自力方式了悟生死空性的智慧所形成的「用自我了悟的空性智慧來處理殯葬事物的生死知識系統」；第二種意義就是透過他力方式了悟生死空性的智慧所形成的「用他力所了悟的空性智慧來處理殯葬事物的生死知識系統」。

 ## 第三節　佛教的殯葬生死觀的內容

　　在討論過佛教的殯葬生死觀的意義之後，我們接著討論佛教的殯葬生死觀的內容。在此，我們有三個問題要討論：第一個就是佛教的殯葬生死觀對於生命的看法；第二個就是佛教的殯葬生死觀對於死亡的看法；第三個就是佛教的殯葬生死觀對

於生命與死亡關係的看法。以下，我們分別討論。

　　首先，我們討論佛教的殯葬生死觀對於生命的看法。就我們的了解，佛教的殯葬生死觀和基督宗教的殯葬生死觀不一樣，它不認為生命的出現是天主或上帝創造的結果，更不認為人的創造是依據天主或上帝的肖像。對它而言，生命的出現是來自於業報所生。如果不是業報，那麼生命就沒有出現的可能。那麼，為什麼會有業報呢？對它而言，業報是來自於生命的造業。生命之所以會造業，最主要來自於無明風動的結果。換句話說，當原始無明開始作用時，生命就出現在世間。

　　不過，對佛教的殯葬生死觀而言，這樣的解釋遠遠不夠。因為，生命如果只是一世的生命，那麼我們就沒有辦法解釋為什麼這樣的生命會有這樣的際遇。所以，為了解釋人的際遇，它就更進一步把這樣的業報原因往前推，認為這樣的業報是來自於無始以來造業的結果。如此一來，人的生命就不可能只有這一世。相反地，如果要圓滿解釋人的業報，那麼就必須肯定人有無數世的生命，也就是輪迴的生命。只有這樣，我們才能合理解釋人的生命為什麼會這樣。關於這一點，它和基督宗教的殯葬生死觀就非常不一樣，不認為生命只有一世，而是輪迴不已的無數世[8]。

---

[8] 請參見尉遲淦著（2003）。〈試比較佛教與基督宗教對超越生死的看法〉，《2003年全國關懷論文研討會論文集》。高雄市：輔英科技大學人文與社會學院，頁171-172。

既然生命是輪迴不已的無數世,那麼生命是否就是一件美好的事情?對佛教的殯葬生死觀而言,生命其實並沒有那麼美好。雖然人有無數世的生命,但是生命當中苦多於樂。尤其是,當生命要結束時,這些所謂的樂都成為生命的負擔,變成生命無法承受的苦。所以,對它而言,人生有如苦海,生命是需要設法從苦海中解脫。否則,在解脫無門的情況下,輪迴反而會成為生命永無止盡的夢魘。

　　其次,我們討論佛教的殯葬生死觀對於死亡的看法。從上述對於基督宗教的殯葬生死觀的討論可知,人的死亡是來自於人違反誓約懲罰的結果。不過,對佛教的殯葬生死觀而言,它不認為死亡是受到天主或上帝懲罰的結果。相反地,它認為這是人自作自受的結果。也就是說,人在人間會活多久,不是外在力量安排的結果,而是人自身造業的結果。只要人善業造得夠多,那麼人在人間就有可能活得更久。如果人善業造得不夠,惡業造得太多,那麼人在人間可能就不會活得太久。因此,人何時會死是來自於自己所造的業所決定[9]。

　　雖然如此,對佛教的殯葬生死觀而言,死亡不只是具有業報的意義。如果只有業報的意義,那麼這樣的死亡只是一種事實的表示,對人的生命就不會有任何解脫的意義。正如基督宗教的殯葬生死 觀一樣,死亡不只是一種違反誓約懲罰的表示,

---

[9] 同註8,頁172-173。

也是一種得到救贖的機會。這就是為什麼耶穌基督的受難會成為我們效法對象的理由所在。同樣地，對佛教的殯葬生死觀而言，死亡除了事實的意義之外還有價值的意義。對人而言，如果在死亡來臨時可以有所覺悟，那麼死亡就會變成一種轉機，讓生命具有解脫的可能性。反之，如果在死亡來臨時生命都沒有覺悟，那麼死亡就只是一個生命結束的事實，不會帶來任何解脫的可能。所以，為了避免讓人錯失機會，佛教的殯葬生死觀就安排了助念與做七的佛事，設法幫助這些遭遇死亡的人，讓他們有機會可以往生淨土或更好的下一世。

最後，我們討論佛教的殯葬生死觀對於生命與死亡關係的看法。正如基督宗教的殯葬生死觀的看法那樣，佛教的殯葬生死觀也不認為死亡只是一個代表生命結束的事實。如果只是這樣，那麼生命無論怎麼活、活多久都沒有意義。因為，無論生命怎麼活、活多久，一旦死亡來臨時，生命的一切作為瞬間就會化為一無所有。對一個最終都會變成一無所有的生命，存在變得完全沒有意義。因此，就像基督宗教的殯葬生死觀那樣，佛教的殯葬生死觀也要想辦法從死亡的考驗中尋找生命的真正意義。

不過，它和基督宗教的殯葬生死觀不一樣，它不認為從上而下的救贖可以解決死亡的問題。因為，無論救贖再怎麼有效，這樣的救贖基本上都是來自於天主或上帝的恩典，而不是人自身本來就有的可能。如果人真的希望解脫，那麼這樣的解

脫的可能性就必須來自於人本身,而不能單純來自於外在的力
量。就是基於這樣的考慮,所以佛教的殯葬生死觀認為人自身
就具有佛性,只要人的佛性可以真實呈現,那麼人就有從輪迴
中解脫的可能[10]。

　　那麼,對佛教的殯葬生死觀而言,人要如何做才能從死亡
的考驗中獲得真正的解脫?就我們的了解,第一件要做的事情
就是認清死亡的真相。對佛教的殯葬生死觀而言,死亡不代表
一切的結束,而是另外一生的開始。所以,它才會把死亡叫做
往生。既然死亡不代表一切的結束,只代表另外一生的開始,
那麼我們就沒有必要害怕死後變得一無所有。相反地,我們要
害怕的是死後還有什麼。

　　如果死後的結果是進入淨土,那麼我們就進入了解脫的境
界。這時,我們就超越了死亡,不用再擔心輪迴受苦的問題。
可是,如果我們死後並沒有進入淨土,那麼就會繼續投胎轉
生。無論我們投胎轉生到哪一道,像地獄道、餓鬼道、畜牲道
的三惡道,或天道、人道、阿修羅道的三善道,最終還是要受
輪迴之苦。因此,我們有必要正確了解死亡,既不要認為一無
所有很可怕,也不要認為有下一生就不可怕。最重要的事情就
是,對生死輪迴的苦我們要有切身的感受。

　　除了認清死亡的真相之外,我們第二件要做的事情就是認

---

[10] 同註8,頁173-174。

清生命的真相。對佛教的殯葬生死觀而言，生命沒有表面所看到的那麼美好。實際上，生命是來自於一連串的造業作為。無論這樣的造業作為是多麼地往善業的方向走，最終這樣的作為都必須承受相應地業報。至於造惡業就更不用說了，它所承受的惡報一點都不會少。不過，無論善報或惡報，這些業報都會隨著我們造業的不斷永無止盡地糾纏我們，使我們永遠停留在生死輪迴之中。那麼，為了讓我們有機會可以脫離生死輪迴進入涅槃境地，我們必須認清生命的真相，知道生命的延續是來自於造業不斷的結果。除非我們可以停止造業，否則生死輪迴就沒有終止的一天。

要停止這樣的生死輪迴，我們第三件要做的事情就是擁有正確的方法。對佛教的殯葬生死觀而言，要停止造業並沒有想像的那麼容易。如果我們只從這一生來考慮，那麼就會認為只要這一生不造業就沒有問題。可是，事情沒有表面看的那麼簡單。因為，我們造不造業並不是只有這一生而已，而是無始以來的結果。既然如此，我們就必須從這一生往前追溯，一直追溯到原始無明。唯有如此，我們想要不造業才有可能。否則，就算我們這一生設法不造業，也無法抵擋無始以來無明的作用，最終還是不知不覺就造業了。

不僅如此，除了停止造業之外，更重要的是，要認清業的無自性。如果不能認清業的無自性，那麼就算停止造業，還是會受困於已經造的業。所以，要徹底擺脫業的束縛就必須認清

業的無自性。在認清業的無自性以後，就會知道所謂的生死輪迴只是一種執著的結果。只要我們徹底放下我執和法執，讓一切存在回歸它們原先存在的狀態，那麼所有的生死輪迴一念之間就會變成解脫涅槃，不再對我們的生命產生任何的束縛。這就是為什麼佛教常常會說「煩惱即菩提」、「生死即涅槃」的理由所在。

 第四節　對佛教的殯葬生死觀的一些省思

在了解了佛教的殯葬生死觀的內容之後，我們現在進一步省思這樣的殯葬生死觀。那麼，我們為什麼要省思這樣的殯葬生死觀呢？這是因為我們希望對於這樣的殯葬生死觀有更清楚的認識。為了達成這個目的，我們需要進一步了解它可能出現的問題。在此，我們從兩方面省思：第一方面就是方法學的部分；第二方面就是內容的部分。

首先，就方法學的部分而言，佛教的殯葬生死觀不像基督宗教的殯葬生死觀那樣，認為相關的內容都是來自於天主或上帝的啟示。相反地，它認為這一些內容的獲得都是來自於釋迦牟尼佛當年的證悟。如果不是來自於證悟的結果，那麼這些內容都只是戲論罷了。對它而言，戲論只是理智的遊戲，完全沒有真實的意義。但是，對人而言，生死大事絕對不是戲論的問

題，而是真實迫切需要解決的問題。如果沒有解決，那麼人的
生命就會陷入苦海之中。所以，它認為這些證悟不但是親身體
悟的結果，更是徹底解決生死問題的真正不二法門。

表面看來，佛教的殯葬生死觀似乎已經找到了解決問題的
真正方法。因為，它不但是親身的體悟，更是實踐完成的結
果。除非我們可以證明這樣的結果是有問題的，否則就只有接
受這樣的看法。可是，問題並沒有那麼簡單。正如基督宗教的
殯葬生死觀無法說服別人接受啟示的說法那樣，佛教的殯葬生
死觀也無法說服別人相信證悟的說法。之所以如此，是因為別
人並沒有釋迦牟尼佛的那種體悟與完成，因此很難接受這樣的
結論。

不過，能不能接受並不重要。真正重要的是，對相信的人
而言，釋迦牟尼佛的體悟和完成是否真的完成。如果祂真的完
成了生死問題的解決，那麼這樣的相信就有意義。因為，只要
透過修行的方法，和釋迦牟尼佛一樣做相同的體悟，那麼最終
都會有成佛的機會。對他們而言，這種超越生死成佛的機會才
是他們最在意的事情。至於佛教的殯葬生死觀是否真的可以得
到普世的認可，對他們而言，反而不是最重要的事情。

其次，就內容的部分而言，佛教的殯葬生死觀認為生命是
來自於無始無明，只要我們能夠悟透這樣的無始無明，那麼生
命就有可能超越生死進入解脫涅槃的境界。可是，我們真的可
以悟透無始無明嗎？因為，無始無明是藏得這麼深，深到幾乎

找不到。既然如此，我們怎麼可能悟透這樣的無明呢？對於這個問題，佛教的殯葬生死觀的回答是透過禪定就可以。那麼，為什麼禪定就會有這樣的力量呢？這是因為禪定只是讓潛藏在我們身上的佛性自我透明化。就是這種自我透明的力量，使得我們有機會可以悟透這樣的無始無明。

　　除了上述的問題外，佛教的殯葬生死觀還有實踐的問題。在助念和做七的佛事上，我們常常強調助念和做七的目的在於協助亡者，讓亡者的神識可以早一點順利離體，或亡者的中陰身可以早一點投胎轉世。問題是，在實際的作為上，我們卻又常常要求助念一定要助念到最後一刻（無論是八小時或十二小時），做七要做完所有的七（即七個七都要做）。這麼一來，所謂的協助亡者神識早一點離體或中陰身早一點投胎轉世就沒有意義。如果要有意義，那麼在助念或做七的過程就不能要求只把程序做完，而要根據亡者實際的狀況來判斷。如果亡者已經神識離體或中陰身已經投胎轉世，那麼這時助念或做七的儀式就要停止。否則在沒有停止的情況下，這些儀式對亡者都可能產生干擾。如果亡者的神識尚未離體或中陰身尚未投胎轉世，那麼這時助念或做七的儀式自然就要繼續進行。否則，在沒有達成協助的目的之前就停止，那麼這些儀式就沒有辦法善盡協助的功能。因此，為了善盡協助的功能，我們必須進一步找出判斷的標準。如此一來，我們才有能力分辨這些協助要協助到什麼程度。以下，我們以助念為例說明。

　　就我們的了解，過去認為在助念時透過觸摸的方式就可以找到這樣的標準。如果亡者身體最後涼的地方是哪裡，那麼就表示亡者死後可能投胎轉世的地方是哪裡[11]。可是，這樣的做法是違反不碰觸亡者遺體的原則。如果要讓這樣的判斷可行，那麼觀察法會是一個解決問題的合適方法。換句話說，只要觀察亡者遺容的變化，那麼我們就可以判斷亡者的神識是否已經離體。如果亡者的遺容開始變得柔順安詳，那就表示亡者的神識已經離體。這時，我們就應該停止助念。否則，就表示還沒有離體。這時，我們就應該繼續助念。

---

[11] 同註1，頁215-219。

第八章

道教的殯葬生死觀

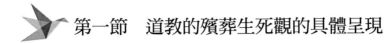

第一節　道教的殯葬生死觀的具體呈現

　　在討論過佛教的殯葬生死觀之後，我們接著討論道教的殯葬生死觀。從字面的意思來看，道教的殯葬生死觀應該是指和道教有關的殯葬生死觀。不過，如果我們深入了解，就會發現這樣的解釋太過簡單。因為，道教的殯葬生死觀不是從頭到尾都是一樣的。在發展的過程當中，它一方面受到了佛教的殯葬生死觀的影響，一方面又影響了佛教的殯葬生死觀。在此，這個影響主要反映在輪迴觀念的吸收上[1]。根據這個觀念的有無，我們可以分成兩個階段：第一個階段就是東漢時期的道教殯葬生死觀，這個時期是沒有輪迴的觀念；第二個階段就是南北朝以後的道教的殯葬生死觀，這個時期開始有了輪迴的觀念。現在，我們所要討論的道教的殯葬生死觀是指具有輪迴觀念的道教的殯葬生死觀。

　　那麼，這樣的殯葬生死觀在殯葬上是如何具體呈現的？就我們的了解，道教的殯葬生死觀和佛教的殯葬生死觀不太一樣。對佛教的殯葬生死觀而言，人的臨終是需要協助的。所以，在人進入死亡的狀態時，它會用助念的方式來幫助臨終者。可是，道教的殯葬生死觀就沒有這樣的想法。對它而言，

---

[1] 請參見內政部編印（1994）。《禮儀民俗論述專輯——喪葬禮儀篇》。台北市：內政部，頁42。

如果要幫忙，這種幫忙應該在臨終者生前就要進行。一旦死亡發生時，這時要做的就不是幫忙的事情，而是讓臨終者可以自然離去。

這麼說來，道教的殯葬生死觀對臨終者是採取放棄的態度嗎？其實，情況並非如此。對它而言，它的不幫只是從臨終到初終不幫，並不是死後也不幫。只要臨終者確定死亡，它就開始提供應有的協助[2]。例如在初終階段，它會有燒魂轎的儀式，目的希望亡者可以順利前往地府。可是，它又認為亡者死後魂魄無知到處飄盪，所以就有招魂儀式的安排，讓亡者的魂魄有所依歸。為了讓亡者有能力前往地府，它又安排拜腳尾飯的儀式。其中，腳尾飯的部分是為了讓亡者有力氣可以前往地府，腳尾燈的部分是為了讓亡者可以看清前往地府的路，腳尾錢的部分是為了讓亡者沿途有買路錢可以順利前往地府。

在殮的階段，道教的殯葬生死觀除了安排乞水儀式，還安排入木儀式。之所以安排乞水儀式，是因為它知道亡者在這個階段會擔心死後不夠清白的問題。如果不夠清白，那麼死後到了地府就會受到應有的懲罰。所以，為了讓亡者安心，就安排了乞水的儀式為亡者淨身，讓亡者可以恢復自身生命的清白，以免到了地府以後受到應有的懲罰。那麼，這個儀式進行的方式為何？就我們的了解，這個儀式進行程序如下：「在道長的

---

[2] 有關道教儀式的說明，請參見徐福全著（1999）《台灣民間傳統喪葬儀節研究》一書相關儀式部分。

引領下孝男捧著陶缽前往汲水處、焚香禱告後以兩個銅板擲
筊、若為聖筊就表示水神同意取水、再將兩個銅板擲入水中做
為買水之用、並進而燒化所帶銀紙、接著用陶缽順著水流取水
一次、最後回家為亡者淨身」。

　　之所以安排入木儀式，是因為它知道亡者會擔心死後受罰
的問題。所以，除了請神明幫忙除罪之外，也利用這個機會還
願和還庫，以免亡者到地府之後受到進一步的懲罰。那麼，這
個儀式是如何進行的？就我們的了解，這個儀式的進行程序
如下：「請神（即請神做主，包括三清及其他神明）、詣靈
（即召請亡者）、誥誦度人經一卷、開啟冥路（即讓亡者見光
明）、誥誦太上慈悲三元滅罪寶懺三卷、沐浴（即為亡靈沐
浴）、解結（即解亡者生前所許未還之願望）、還庫（即依亡
者生肖焚燒庫錢）、送神謝壇、功德圓滿」。

　　在殯的階段，道教的殯葬生死觀也安排了做功德的儀式。
一般而言，這種儀式基本上有四種形式：第一種就是午夜功
德，時間是午後三點到隔天午前十點；第二種就是一朝功德，
時間是一天，從早上進行到隔天早上；第三種就是二朝功德，
時間是兩天，從早上進行到後天早上；第四種就是三朝功德，
時間是三天，從早上進行到大後天早上。其中，一朝功德的順
序是「發表、請佛、豎旛、安灶、安監齋、引魂、開懺、對
卷、放赦、獻敬、普施、還庫、過王、謝壇」，二朝的功德則
加上「開梁皇、南北敬」，三朝的功德則加上「金山拜科偈、

拜龍華經、拜大藥師經、放生物」。現在，一般所做的出山功德主要是午夜功德。

　　那麼，午夜功德的內容為何？就我們的了解，午夜功德進行的程序如下：「起鼓、發表、啟請諸聖、誥誦度人經一卷、開啟冥路、誥誦太上慈悲三元滅罪寶懺三卷、啟城拔度（有枉死者為之，難產死者則打血盆）、放赦（即走赦馬）、誥誦藥師懺一卷、誥誦太上慈悲三元滅罪水懺、沐浴、解結、還庫、給付牒文、擔經煉度（如講二十四孝，目的在於勸善）、過橋（由道士帶亡魂過奈何橋）、送神謝壇、功德圓滿」。

　　在葬的階段，道教的殯葬生死觀也安排了安葬的儀式。例如在靈柩進入墓穴時，道長會先測定方位，再擲筊請示神明，經三次聖筊之後才算獲得神明認可。在定位完成之後，道長還要手持幢旛引領遺族各以衣襟盛砂土繞壙三巡，再將砂土撒入壙內，土公隨即掘土掩埋。最後，道長還要邊揮動鐃鈸邊誦念經咒，引領遺族依服喪之粗重順序採逆時針方向繞墓三圈而行，準備返主。至此，整個安葬儀式才算完成。

　　在祭的階段，道教的殯葬生死觀除了安排返主儀式外，還安排了做七、做旬、做百日、做對年、做三年的儀式。其中，最重要的是做七的儀式。在此，所謂的做七意思是每七天做一次，總共要做七次。不過，現在由於受到時代因素的影響，有的只做頭尾七或總七。那麼，這個儀式的內容為何？就我們的了解，這個儀式的內容如下：「上午設法壇、起鼓、發表、請

130

神、招魂、度人經、慈悲寶懺、中午獻供、下午冥途拔度、沐浴、解結、燒庫錢、過橋、安魂位」。除了頭七是大七要做一朝法事之外，三七、五七和滿七一樣是大七也要做一朝法事。只是三七在做時多了上午的水懺和下午的放赦，五七在做時則多了救苦寶卷的誦念。至於其他的二七、四七和六七則為小七，簡單誦經即可不用特別處理。

 ## 第二節　道教的殯葬生死觀的意義

　　在討論過道教的殯葬生死觀的具體呈現之後，我們接著討論道教的殯葬生死觀的意義。要了解道教的殯葬生死觀的意義，最簡單的方式就是從字義的表面來解釋。但是，這樣解釋的結果只是讓我們知道道教的殯葬生死觀是和道教有關，至於道教的內容是什麼，這樣的殯葬生死觀是一種怎麼樣的殯葬生死觀，就完全沒有概念。所以，為了確實了解道教的殯葬生死觀，我們就不能只從字義上來解釋，而要深入其中。那麼，這樣的深入要如何深入？一般而言，可以從三個角度切入：第一個就是由來的角度，了解道教的殯葬生死觀發生的背景；第二個就是形式意義的角度，了解道教的殯葬生死觀的表層意義；第三個就是實質意義的角度，了解道教的殯葬生死觀的深層意義。

首先，我們從由來的角度討論道教的殯葬生死觀。就我們的了解，道教的殯葬生死觀由來的背景是東漢，而東漢時除了傳統禮俗的殯葬生死觀已經深入民間之外，有關神仙的思想也頗為盛行。在這種情況下，一般人在面對生死的問題時，除了可以依據傳統禮俗的殯葬生死觀解決問題外，還可以依據神仙思想解決他的歸宿問題。表面看來，這樣的解決方式似乎沒有問題。因為，傳統禮俗的殯葬生死觀不僅安排了善終的標準，還安排了死後歸宿成為祖先的去處。如果一般人不想成為祖先，他們還有神仙去處的選擇[3]。所以，對他們而言，這樣的死後安排應該沒有問題。

　　可是，如果我們再深入了解，就會發現問題所在。的確，對一般人而言，這樣的安排應該足以滿足他們死後的需求。但是，我們不要忘了，這樣的滿足是奠基於正常的社會。如果社會不是正常的，而是處於亂世的時代，那麼這樣的滿足就不夠了。其實，理由非常簡單，就是人們對於公平對待的要求。如果一個人做了很多好事，卻沒有得到好報。相反地，一個人做了很多壞事，卻沒有得到惡報。這時，我們的想法會是如何？基本上，只要有良知的人一定會覺得這個社會太不公平，老天沒有眼。當然，有的人可能會說，這些善惡報應可以兌現在死後。如果一個人在生前做好事沒有好報，那麼在他死後就可以

---

[3] 同註1，頁40。

得到升天的賞報。至於生前沒做好事的人，那麼死後就會失去升天的機會。

　　問題是，這樣的解釋只是一種主觀的想法，是否就是客觀的事實？說真的，沒有人知道。就算這是真的，我們還是會產生一個疑問，就是沒有做好事的人不能升天，那麼他們到底去了哪裡？如果他們去的地方不是一個懲罰的地方，那麼這樣的地方對他們就沒有懲戒的作用。除非這樣的地方真的有懲戒的作用，那麼一般人才會認為這樣的死後世界是公平正義的。所以，為了滿足這樣的公平正義需求，道教的殯葬生死觀才會把死後懲罰的觀念吸收進來，並進一步在佛教的殯葬生死觀的影響下轉化為輪迴的觀念，用死後世界與來生世界的公平正義性來平衡人間世界的不公不義。

　　其次，我們從形式意義的角度討論道教的殯葬生死觀。從表面的意思來看，道教的殯葬生死觀就是指與道教有關的殯葬生死觀。可是，道教是什麼呢？如果我們不了解道教的意義，那麼對道教的殯葬生死觀就等於無所了解。因此，為了了解什麼是道教的殯葬生死觀，我們需要先了解道教的意義是什麼。

　　那麼，道教的意義是什麼呢？就我們的了解，道教是個以道為中心的宗教。對它而言，道不僅是宇宙的最終真相，也是我們一生所要追求的目標。如果我們這一生可以有機會和道合一，那麼不僅可以超越死亡，還可以榮登仙界。可是，如果我們這一生沒有與道合一，那麼不僅沒有辦法超越死亡，更不可

能榮登仙界。所以，對道教而言，人如何得道成仙是最重要的事情。

在了解道教的意義之後，我們接著討論殯葬生死觀的意義。就我們的了解，殯葬生死觀是和殯葬有關的生死觀。既然和殯葬有關，那就表示這樣的生死觀是要能夠具體落實到殯葬處理上面成為殯葬指導思想的生死觀。根據這樣的理解，我們在處理喪事時就不是沒有意義的處理，而是解決生死問題的處理。

如果道教是與得道成仙有關的宗教，而殯葬生死觀又是解決生死問題的殯葬處理的指導思想，那麼結合這兩者的結果會是什麼呢？對我們而言，結合這兩者的結果就是成為道教的殯葬生死觀的定義。那麼，這樣的定義是什麼呢？簡單來說，就是「用得道成仙的生死智慧處理殯葬事物的知識系統」。

最後，我們從實質意義的角度討論道教的殯葬生死觀。如果只從上述的定義來看，那麼得道成仙的生死智慧就足以說明道教的殯葬生死觀的意義。可是，如果我們再進一步深入相關的內容，就會發現這樣的了解還是不夠的。因為，得道成仙固然是道教的殯葬生死觀的共同目標，但是對於如何得道成仙卻有不同的解釋。如果我們把這些不同的解釋都看成一樣，那麼對道教的殯葬生死觀就沒有辦法形成如實的了解。因此，在如實了解的要求下，我們需要進一步討論如何得道成仙的問題。

那麼，道教的殯葬生死觀是如何理解這個問題的？最初，

它採取的觀點是命定的觀點。一個人一生會如何，基本上是由上天決定的。雖然如此，在現實際遇的改變上，個人仍然有一定程度的自主權。如果一個人善事做了很多，那麼這個人的人生際遇就會有比較好的改變，甚至於延年益壽。可是，如果一個人做了很多壞事，那麼這個人的人生際遇就會有比較不好的改變，甚至於縮短壽命。所以，一個人做好做壞事會影響他個人的人生際遇與壽命。即使如此，有一件事情是不會改變的，那就是這個人是否有機會可以得道成仙，就要看上天賦予他什麼樣的資質？如果上天賦予他可以得道成仙的資質，只要他努力修道，那麼在他死的時候自然可以成仙。相反地，如果上天沒有賦予他可以得道成仙的資質，就算他再努力修道，那麼在他死的時候還是無法成仙。由此可見，人能不能成仙不是個人可以完全決定的，而要看上天如何賦予[4]。根據這樣的理解，道教的殯葬生死觀就變成「用上天賦予的得道智慧處理殯葬事物的知識系統」。

不過，這種命定的觀點在魏晉南北朝時開始有了改變。對當時的道教的殯葬生死觀而言，人能不能得道成仙不是上天賦予的事情，而是人自己的事情。只要人用對方法，那麼人是有機會可以得道成仙的。可是，人如果用錯方法，那麼就算再怎麼努力，人還是無法得道成仙的。所以，方法的對錯才是關

<hr />

[4] 請參見姜守誠著（2007）。《太平經研究——以生命為中心的綜合考察》。北京市：社會科學文獻出版社，頁104。

鍵，資質的有無不是最重要的事情。在這樣的觀點下，人可以憑藉自己的力量得道成仙，完全肯定了人自己的存在價值[5]。根據這樣的觀點，道教的殯葬生死觀就變成「用自己修道的生死體悟處理殯葬事物的知識系統」。

 ## 第三節　道教的殯葬生死觀的內容

在討論過道教的殯葬生死觀的意義之後，我們接著討論道教的殯葬生死觀的內容。那麼，這樣的內容要討論什麼呢？就我們的了解，這樣的內容主要包括三個部分：第一個是與生命有關的部份；第二個是與死亡有關的部分；第三個是與生命和死亡關係有關的部分。以下，我們分別討論。

首先，我們討論第一個部分。就道教的殯葬生死觀而言，它對生命來源的看法本質上是一樣的。也就是說，無論後來的變化是什麼，它都認為生命是來自於氣的化生。只是這樣化生的氣，最初是來自於上天的化生，後來在佛教的殯葬生死觀的影響下轉成輪迴的投胎轉世。

對於這樣的生命，它認為會受到個人作為的影響。如果一個人一生所作所為都是好的，那麼這個人的一生際遇就會比較好，壽命也會變得比較長。如果一個人一生的所作所為都是不

---

[5] 同註1，頁39。

好的，那麼這個人的一生際遇就會比較不好，壽命也會隨之縮短。因此，一個人的一生際遇和他的壽命的長短是和他個人的所作所為有關。

　　不過，這並不是說個人的一生際遇的好壞和壽命的長短都只是個人自己作為的結果。實際上，影響個人一生際遇的好壞和壽命的長短還有其他的因素。就我們的了解，這個因素在不同時期的道教的殯葬生死觀有不同的解釋。就早期的看法而言，一個人一生的際遇會如何和壽命有多長主要是受到上天安排的結果。除此之外，個人所處的家族祖先的作為也會影響後代的子孫。對於這種影響，它認為是一種承負的關係，表示祖先和子孫的禍福是一體的。就後期的看法而言，個人一生的際遇會如何和壽命有多長主要是受到上一輩子作為的影響。如果上一輩子的所作所為是好的，那麼這一輩子就會過得比較好，也會活得比較久。如果上一輩子的所作所為比較不好，那麼這一輩子就會過得比較不好，也會活得比較不久。除了這個因素之外，這個家族的祖先的所作所為也會影響個人際遇的好壞和壽命的長短[6]。

　　除此之外，對於生命只有一世還是輪迴不已的問題道教的殯葬生死觀也有不同時期的看法。就早期的看法而言，它認為生命只有一世。雖然如此，它並不認為這樣的生命會隨著死亡

---

[6] 同註4，頁140-144。

而消失，正如科學的殯葬生死觀的看法那樣。相反地，它認為
這樣的生命在死後還存在。就後期的看法而言，在佛教的殯葬
生死觀的影響下，它認為生命不只是一世。生命在死後除了還
繼續存在外，還會進一步投胎轉世輪迴不已。生命如果要脫離
輪迴，那麼就必須得道成仙才有可能。

　　其次，我們討論第二個部分。就道教的殯葬生死觀而言，
它認為人的死亡只是生命的暫時結束，而不是永恆的結束。既
然只是暫時的結束，這就表示生命在死後還會繼續存在。只是
這種繼續存在，對不同時期的道教的殯葬生死觀有不同的解
釋。對早期的道教的殯葬生死觀而言，這種繼續存在是存在於
地府之中，不再有投胎轉世的機會。相反地，對後期的道教的
殯葬生死觀而言，這種繼續存在就不是繼續存在在地府之中，
而是把地府當成一個罰過的地方，等到把過罰完就可以繼續投
胎轉世的中繼站。所以，死後生命是會在輪迴之中存在不已。

　　那麼，這樣的死亡是如何決定的？對早期的道的殯葬生死
觀而言，這樣的死亡是由上天決定的。雖然如此，這樣的死亡
也不是全然命定的。在此，有兩個因素會影響個人的生死：一
個是祖先的所作所為；一個是個人的所作所為。就祖先的所作
所為而言，如果祖先的所作所為是好的，那麼身為子孫的個人
死亡就會延後。如果祖先的所作所為是不好的，那麼身為子孫
的個人死亡就會提前。就個人的所作所為而言，如果個人的所
作所為是好的，那麼個人的死亡就會延後。如果個人的所作所

為是不好的，那麼個人的死亡就會提前。因此，一個人什麼時候會死是由上述因素共同決定的。就後期的道教的殯葬生死觀而言，上述的看法有了部分的改變。之所以會有這樣的改變，主要是受到佛教的殯葬生死觀輪迴觀念的影響。在輪迴觀念的影響下，決定個人死亡的主要因素不再是上天的安排，而是個人上一輩子的所作所為。如果個人上一輩子的所作所為都是好的，那麼這個人的這一生就會死得比較慢。如果個人上一輩子的所作所為都是不好的，那麼這個人就會死得比較快。除了這一點不同外，其他都和早期的看法一樣。

最後，我們討論第三個部分。正如佛教的殯葬生死觀那樣，道教的殯葬生死觀也認為生命和死亡的關係不是對反的。如果生命和死亡的關係是對反的，那麼死亡就會代表生命的永恆結束。可是，生命在死亡之後還繼續存在，這就表示死亡和生命的關係是延續的。只是這種延續的關係可以有不同的解釋。

對早期的道教的殯葬生死觀而言，這種延續會依個人的天生資質和所作所為而定。如果一個人天生就有成仙的資質，而他個人也知道如何努力求道，那麼在他死亡的時候他就會自然得道成仙。可是，如果他天生就不具有這樣的資質，那麼就算他一生努力求道，到臨死之際他依舊不會有機會得道成仙。所以，一個人是否會得道成仙是要看他天生的資質而定。雖然如此，一個人就算沒有這樣的資質，他的求道的努力還是會受到

肯定的。只是這樣的肯定不是表現在得道成仙上面，而是表現在個人際遇的變好和壽命的延長上面。

　　除了上述的兩個因素以外，承負的問題也會影響個人際遇的好壞和壽命的長短。如果個人的作為不是往好的方向走，這時地府的陰曹就會責罰祖先要祖先作祟於他，讓他多災多難，目的在於提醒他要幡然悔悟。如果他即時悔悟並適時施以解除之術，那麼不僅可以消弭自身的過錯，還可以讓祖先獲得解脫。由此可見，亡者的責罰是有解除的可能。

　　對後期的道教的殯葬生死觀而言，這種延續不再像早期的看法那樣完全由個人的天生資質所決定，而是由個人的努力所決定。只是這種努力不是單純的努力就夠了，還需要正確的方法。如果方法對了，那麼這種求道的結果最後都有得道成仙的機會。可是，如果方法不對，那麼就算他再努力求道，這種努力的結果也無法讓他得道成仙。所以，一個人是否可以得道成仙不只是個人努力的問題，還有方法的問題。至於一個人際遇的好壞和壽命的長短，只要他努力求道，那麼這些正面的作為都會讓他這一生過得比較好，也會讓他活得比較久。相反地，如果他沒有好好求道，甚至於沒有多做善事，那麼不僅他這一生的際遇會變得比較不好，壽命也會變得比較短，當死亡發生時，他在地府的遭遇也會比較不好，下一輩子也會過得比較不好，甚至於壽命也會比較短。

　　雖然如此，正如早期的看法那樣，它對於亡者死後的際遇

也希望能夠提供一些協助。只是這些協助的重點不再放在承負問題的解決上，而是放在個人懲罰的化解上。對它而言，要化解就必須透過陽上子孫的超渡作為。可是，陽上子孫本身是無能為力的。這時就需要依賴道長的儀式協助，例如做功德時的拔度儀式。在神明的救渡下，亡者才有機會解除受罰的痛苦。就這一點而言，它比早期的看法更能直接針對亡者化解苦難的需求做處理。

 ## 第四節　對道教的殯葬生死觀的一些省思

　　經過上述的討論，我們對道教的殯葬生死觀已經有了基本的了解。現在，為了更清楚認識道教的殯葬生死觀，我們需要了解道教的殯葬生死觀的限度問題。對於這個問題，我們不打算做全面性的檢討，而只是提出一些問題做省思，希望藉著這樣的省思，可以對道教的殯葬生死觀有更深入的認識。那麼，這樣的省思要如何進行？在此，我們分兩個部分進行：第一個就是方法學的部分；第二個就是內容的部分。以下，我們進一步討論。

　　首先，我們討論方法學的問題。正如基督宗教的殯葬生死觀所認定的那樣，道教的殯葬生死觀也認為自己所獲得的真理是來自於上天的啟示。只是，在此它和基督宗教的殯葬生死觀

不一樣，它所獲得的啟示不是來自於宇宙的造物主（即天主或
上帝），而是來自於天上的神仙。不過，它的來源不只是這
樣。對它而言，它還有另外一個來源，就是個人對於修道的體
悟。正如佛教的殯葬生死觀那樣，他用了正確的方法，所以他
可以得道成仙。根據這樣的經驗，它認為它所說的也是真的。
總之，對道教的殯葬生死觀而言，它的真理來源不只是上天的
啟示，也是個人修道體悟的結果。

　　雖然如此，這樣是否就表示它所獲得的真理就是客觀的真
理呢？從它的角度來看，這樣的真理不是客觀真理那麼還是什
麼樣的真理。可是，對其他的殯葬生死觀而言，這樣的真理怎
麼可能是客觀的真理？如果要說真理，最多也只能說是主觀的
真理。不過，無論這樣的爭論結果為何，對它的信徒而言，這
些都不是最重要的事情。其實，最重要的事情只有一個，那就
是這樣的殯葬生死觀是否可以安頓他的生死？如果可以，那麼
這樣的殯葬生死觀就可以在實踐中獲得證實。如果不可以，
那麼這樣的殯葬生死觀就沒有辦法在實踐中獲得證實。由此可
見，對於相信它的人而言，只有實踐才是最重要的評判標準。
至於是否是客觀真理，就沒有表面看的那麼重要了。

　　其次，我們討論內容的問題。對道教的殯葬生死觀而言，
早期的看法認為人的生命只有一世。在一世的情況下，有關承
負的說法可以得到比較合理的支持。但是，到了後期的看法，
由於受到佛教的殯葬生死觀輪迴觀念的影響，對於承負的問題

就會產生難以說明的後果。例如早期認為人只有一世的生命，那麼人在死後這一世的關係還可以維持下來。因為，在生前死後這種關係都沒有得到改變的機會。尤其是，父母子女的關係更是藉由血緣的傳承而成為一體。可是，到了後期在輪迴觀念的影響下，人的關係開始有了轉變。即使這一輩子是父母子女的關係，但是在投胎轉世時會因著個人所造之業的影響而改變既有的關係。例如原先的父母子女關係就可能變為互不認識的陌生人，也可能變為相互敵對的仇人，也可能變為關係甚好的朋友，甚至於是夫妻的關係。所以，父母子女的關係會怎麼變其實是很不確定的。如此一來，這種承負的關係要如何維持呢？

對於這個問題，它可以有不同的解決辦法。其中之一，就是把主體和作用分開。例如身為主體的祖先雖已投胎轉世，但是他的所作所為作用還在。因此，只要是他的子孫都會受到他的作為的影響。但是，這樣做的結果就會很奇怪。因為，作用之所以能作用是受到主體影響的結果。如果主體消失了，那麼這種作用也應該跟著消失。所以，這個解決的方式似乎不是很合理。

如果我們不要採取這樣的解決方式，而改採其他的方式，例如保留主體的方式，那麼這種只存作用的問題就不存在。問題是，這種保存主體的方式要怎麼做？對它而言，這種做法就是利用道教的殯葬生死觀有三魂的說法，將這三魂分成祖

先魂、轉世魂和守屍魂。其中，祖先魂擔任的就是這種承負的作用。只要子孫的所作所為是不好的，那麼祖先魂就可以予以懲罰和提醒。同樣地，只要子孫的所作所為是好的，那麼祖先魂就可以予以賞報和庇祐。只是這樣的賞報和庇祐，讓祖先魂不再是早期所謂的代為受過者，而成為具有賞罰能力的神明存在。

第九章

傳統禮俗的殯葬生死觀

傳統禮俗的殯葬生死觀的具體呈現

傳統禮俗的殯葬生死觀的意義

傳統禮俗的殯葬生死觀的內容

對傳統禮俗的殯葬生死觀的一些省思

第一節　傳統禮俗的殯葬生死觀的具體呈現

　　在討論過道教的殯葬生死觀之後，我們最後討論傳統禮俗
的殯葬生死觀。就我們的了解，傳統禮俗的殯葬生死觀應該是
目前使用最多，也是在地歷史最悠久的殯葬生死觀。那麼，為
什麼我們會放在最後才討論？根據上述所說，這其實是受到時
代因素影響的結果。當然，我們的意思不是說這種殯葬生死觀
未來一定會被時代所淘汰。說真的，這種殯葬生死觀未來是否
會被時代所淘汰，其實是要看我們如何轉化來決定。如果我們
轉化得好，那麼這種殯葬生死觀不但不會被時代所淘汰，還會
繼續成為我們解決死亡問題的主要參考之一。否則，在轉化不
好的情況下，這種殯葬生死觀未來就會被當成不合時宜的古董
掃進歷史的灰燼。所以，我們如何轉化事關這種殯葬生死觀的
生死存亡。

　　那麼，在過去為什麼這種殯葬生死觀會成為我們處理喪事
的主要依據？這是因為過去我們的社會結構是以家族作為組成
的基本單位。在這種情況下，如果我們沒有把家族的問題做個
完整的處理，那麼在家族不穩的情況下，整個社會就很難維持
它的安定，更不用說進一步的發展。因此，為了穩定家族的存
在，傳統禮俗的殯葬生死觀就必須解決死亡所產生的家族不穩
定問題。根據這樣的要求，從臨終開始，它就要處理家族面對

死亡所產生的問題。

　　按照這樣的想法，它是怎麼處理臨終的問題[1]？就我們的了解，它在處理臨終的問題時是以讓臨終者獲得善終為目標。基於這樣的要求，它不讓臨終者死於臥室的睡床上，而要臨終者在臨終時就搬舖到正廳的水床上。之所以如此，理由很簡單。因為，臨終者在正廳的水床上是有任務要完成的[2]。在正廳的水床上，臨終者不但要和家人見上最後一面，還要交代傳家的遺言。這時，如果臨終者已經完成他的任務，那麼他就可以安心離去並獲得善終。也就是說，他可以死得壽終正寢。如果沒有完成任務，那麼他就死得不能安心，也無法獲得善終。至於那一些不能滿足這樣條件的人，當他們在遭遇死亡時，他們就根本沒有善終的機會。

　　在臨終階段之後，接著就要處理初終的階段。對它而言，家屬在初終發生時不是立刻就要放聲大哭，而是要先舉行招魂儀式。對它而言，它不是不要承認死亡的事實，而是希望藉由招魂儀式來表達家屬對亡者的不捨之心。在招魂之後，如果亡者還是沒有回魂，那就表示亡者真的死了。這時，在無奈的情況下，只好接受死亡的事實，才全家舉哀。倘若在經過招魂之

---

[1] 有關傳統禮俗的儀式包括哪一些，請參見尉遲淦著（2011）。《禮儀師與殯葬服務》。新北市：威仕曼文化事業股份有限公司，頁62-67。

[2] 請參見尉遲淦著（2009）。《殯葬臨終關懷》。新北市：威仕曼文化事業股份有限公司，頁104-107。

後，亡者終於回魂，那就表示亡者沒有死，當然這是最好的。

　　到了殮的階段，它也有一些相關的安排。例如沐浴的作為，就是其中的一個安排。那麼，為什麼它會做這樣的安排？除了清潔亡者的身體之外，它還有一個很重要的作用，那就是潔淨亡者人格的作用。對亡者而言，祂這一生的所作所為是否合乎道德的要求，說真的，實在沒人敢保證。可是，為了讓祂可以順利回去面見祖先，讓祖先知道祂的人格是沒有問題的，就必須在殮的階段設法恢復亡者人格的清白。問題是，亡者自身已經沒有能力可以處理這個問題。除非祂生前就已經很清白，否則這時要清白也不可能。基於這樣的考量，所以它就必須安排沐浴的儀式，讓亡者有機會恢復祂人格的清白，以便回去面見祖先。

　　此外，沐浴之後還要換上壽衣。之所以要換上壽衣，除了為了回去面見祖先時禮貌上的需要外，更重要的是，是為了表示自己在人間的成就，讓祖先知道自己在這一生當中都兢兢業業地活著，沒有任何懈怠的時候。所以，在死亡來臨時才能穿著這樣的壽衣回來面見祖先。就這一點而言，這樣的安排目的在於滿足光宗耀祖的要求，讓祖先覺得這樣的子孫是值得肯定的。

　　至於殯的階段，更是重要的階段。因為，對家屬而言，這是他們和亡者相處的最後階段。這一個階段過後，他們就不再有機會和亡者做這類的具體相處。於是，在這個階段有所謂的

告別奠禮。當然，在告別奠禮當中，家屬除了和亡者告別外，也是亡者和人間親友告別的最後一個機會。因此，在這個階段除了安排家奠的儀式外，還要安排公奠的儀式。在家奠過程中，家屬要一一向亡者告別，而公奠時親友則要一一向亡者告別。現在，由於時代因素的影響，告別的儀式已經相當簡化。以下，我們以國民禮儀範例為例說明。

對國民禮儀範例而言，由於社會已經進入工商資訊的社會，不再是過去的農業社會，所在喪禮的時間花費上就不像過去農業社會那樣，必須予以精簡。在精簡的要求下，國民禮儀範例就把過去的繁雜儀式予以簡化，簡化的結果就成為現在奠禮儀式的內容，現在敘述如下：「主奠者就位、與奠者就位、奏樂、上香、獻奠品（花、果、酒）、讀奠文、向遺像行禮、家屬答禮、奏樂、禮成」[3]。

除了上述敘述的內容外，整個告別奠禮還包括封釘儀式和點主儀式。就封釘儀式而言，封釘的目的就是利用封棺的過程讓後代有機會可以表達傳承的意願。所以，在儀式過程中，會有後代咬起子孫釘的動作。一方面是要讓亡者安心，表示後繼有人，不用擔心傳承的問題；一方面表示後代的子孫是孝順的，願意將家族繼續傳承下去。

就點主儀式而言，點主的目的除了告訴亡者祂的神主牌位

[3] 請參見楊炯山先生著（1998）。《喪葬禮儀（增訂本）》。新竹市：竹林書局，頁435-436。

有後代願意祭祀，也告訴社會大眾亡者的後代願意奉祀亡者，表示這一家人的作為都有符合社會孝道的要求。因此，在點主過程中，就會有後代將神主牌位放在背後，再由有官位的點主官將神主牌上的王字點上一點成為主，表示亡者的後代會勵精圖治光宗耀祖，希望亡者可以安心回去面見祖先。受到時代火化因素的影響，目前點主儀式幾乎都改在出殯前舉行，不再是葬的階段的儀式。

　　到了葬的階段，它也有相關的安排。除了安葬的儀式外，還有返主的儀式。其中，安葬的儀式是為了讓亡者的靈柩可以安放在正確的位置，同時也讓家屬可以善盡孝心，表示到最後都還不捨亡者的離去。至於返主儀式，則是在處理完遺體的埋葬事宜之後，為了擔心亡者的魂神無處可去成為孤魂野鬼，所以將亡者的神主牌位迎回家中，讓亡者可以順利成為祖先。一方面表示亡者的死亡是屬於善終的死亡，可以有資格回去面見祖先；一方面表示亡者的家屬都很孝順亡者，願意透過祭祀的方式以祖先的身分祭祀亡者。

　　到了祭的階段，除了做七的安排之外，還有做百日、做對年、做三年的安排。對它而言，這些安排都是有用意的。因為，人活著時候的孝順未必是真的孝順。同樣地，人剛剛死的時候的孝順也未必是真的孝順。但是，在人死後過了一段時間，甚至於是做三年時，這時所表現出來的孝順可能就是真的孝順。所以，過去才有個說法，就是大孝終身，表示孝順是一

輩子的事情。就這些祭的儀式來看，他們除了表達子女的孝順
之外，還表示子女願意繼續奉祀亡者，使亡者得以用祖先的身
分繼續護持這個家族。

 ## 第二節　傳統禮俗的殯葬生死觀的意義

　　在討論過傳統禮俗的殯葬生死觀的具體呈現之後，我們現
在繼續討論傳統禮俗的殯葬生死觀的意義。那麼，傳統禮俗的
殯葬生死觀是什麼？最直接的回答就是與傳統禮俗有關的殯葬
生死觀。可是，這樣的回答並不能讓我們對於傳統禮俗的殯葬
生死觀產生更清楚的認識。如果我們希望對傳統禮俗的殯葬生
死觀有更清楚的認識，那麼就必須從下面三個方面加以討論：
第一個就是由來的部分；第二個就是形式意義的部分；第三個
就是實質意義的部分。

　　首先，我們討論由來的部分。就我們的了解，傳統禮俗的
殯葬生死觀是中國最早的殯葬生死觀。在這種殯葬生死觀形成
之前，中國並沒有其他種的殯葬生死觀。雖然原始宗教的殯葬
生死觀可能要早於傳統禮俗的殯葬生死觀，但是這種殯葬生死
觀在中國卻沒有受到應有的重視。相反地，在傳統禮俗的殯葬
生死觀盛行之前，中國人在處理死亡問題時主要還是根據各地
的禮俗。不過，有趣的是，這種禮俗基本上都和家族的延續有

關。因此，到了周公時期，他透過制禮作樂的手段將各地的禮俗加以統整，結果就形成了今日大家通用的傳統禮俗的架構與方向。

到了孔子時代，他對於周公制禮作樂的結果認為還不夠。因為，這種制禮作樂的結果雖然讓傳統禮俗有個架構和方向，但是這個架構和方向仍然受制於家族的私人情感，無法將這樣的情感提升為全人類所需的道德情感。於是，他進一步貞定傳統禮俗的道德意涵，讓傳統禮俗可以成為整個社會處理死亡問題的標準[4]。就這樣，在孔子的貞定下，傳統禮俗的殯葬生死觀成為中國人處理死亡問題的主要標準所在。也就是這樣，後來的人就不再注意周公原先強調的維持家族和諧的作用，只注意孔子所強調的孝道實踐的要求。

其次，我們討論形式意義的部分。顧名思義，傳統禮俗的殯葬生死觀就是指與傳統禮俗有關的殯葬生死觀。如果我們只是這樣了解，那麼這種了解的結果還是沒有辦法真正了解傳統禮俗的殯葬生死觀。為了能夠真正了解傳統禮俗的殯葬生死觀，我們必須進一步了解傳統禮俗的意義。只有在了解傳統禮俗的意義後，我們才能說我們真正了解了傳統禮俗的殯葬生死觀的意義。

---

[4] 請參見尉遲淦著（2013）。〈從儒家觀點省思殯葬禮俗的重生問題〉。《儒學的當代發展與未來前瞻——第十屆當代新儒學國際學術會議論文集》。深圳市：深圳大學，頁965-966。

那麼，我們要如何了解傳統禮俗的意義？簡單來說，所謂的傳統禮俗就是指與辦理喪事有關的禮俗。可是，只有這樣的了解還不夠。因為，與辦理喪事有關的禮俗不是只是一套操作的程序。如果它只是一套操作的程序，那麼在時代的變遷中這一套程序就會為時代所淘汰。因此，這套禮俗是有要達成的目的。換句話說，就是這個目的讓這套禮俗變得有意義。

　　現在，我們要進一步問的是，這個目的是什麼？從過去的說法來看，這套禮俗的目的應該就是孝道的實踐。那麼，為什麼過去會這樣認為？這是因為從整個禮俗的安排來看，這套禮俗的安排都是和孝道實踐有關的內容。例如在臨終的階段，禮俗為什麼要安排見最後的一面？說真的，從表面來看，這種安排不是會讓家屬傷心嗎？雖然如此，禮俗還是要做這樣的安排。那麼，這樣的安排顯然是有用意的。簡單來說，這種安排的目的就是在讓家屬有機會可以表達他們的孝心。

　　同樣地，在殯的階段，為什麼在告別式要安排家奠和公奠？這種安排當然不只是為了讓親友有機會可以參加亡者的喪禮，更重要的，是為了讓家屬可以利用這個機會表達他們的孝心。所以，禮俗在告別式時就安排親友祭拜和家屬答禮的儀式。藉著這個儀式的進行，家屬就可以在親友的見證下證明他們對亡者真的很孝順。

　　不僅如此，在葬的階段，我們也看到了這樣的安排。例如返主就是一很明顯的例子。在返主的儀式中，我們發現亡者不

只是肉體得到了安頓，家屬對於亡者的魂神一樣要予以安頓。為了達到這個目的，所以他們除了安葬亡者的身體外，還要進一步將亡者的神主牌位迎回家中祭祀。就我們的了解，這種事死如事生的作為就是一種孝順的表達。

還有，在祭的階段，禮俗也安排了相關的儀式。例如合爐的儀式就是一個典型的例子。對家屬而言，亡者雖然死了，身體也埋葬了，但是亡者在他們的心目中卻依然存在。因為，對他們而言，他們難捨這一段感情。因此，為了表示他們真的不忘本，禮俗就安排了合爐的儀式，讓他們有機會把亡者看成祖先不斷地祭祀下去。對我們而言，這種把亡者看成祖先不斷祭祀的行為就是一種表達大孝終身的行為。

在了解傳統禮俗的意義之後，我們繼續討論殯葬生死觀的意義。就上面所說來看，殯葬生死觀和一般生死觀不同。其不同之處在於，一般的生死觀不能具體落實在殯葬處理上，而殯葬生死觀則可以。就可以落實在殯葬的處理上而言，這種生死觀是具有安頓人們生死的作用。至於一般的生死觀雖然可以讓人們了解死亡的某種可能性，卻沒有安頓人們生死的作用。就這一點而言，我們就可以把殯葬生死觀界定為「用來處理殯葬事物的生死知識系統」。

根據上述的了解，我們一方面知道傳統禮俗是處理家族傳承問題的禮俗，一方面知道殯葬生死觀是處理殯葬事物的生死知識系統。現在，為了能夠對傳統禮俗的殯葬生死觀進行形式

定義，我們需要結合這兩種不同的理解。就我們結合的結果來看，傳統禮俗的殯葬生死觀就可以定義為「藉由孝道的實踐來處理殯葬事物的生死知識系統」。

最後，我們討論實質意義的部分。就我們的了解，傳統禮俗的殯葬生死觀如果真的要處理孝道實踐的問題，那麼上述的處理顯然就不太夠。因為，上述的說法只讓我們看到傳統禮俗的殯葬生死觀對於家屬孝道實踐的安排，但是卻沒有告訴我們實踐孝道的目的到底何在？在不清楚目的為何的情況下，我們很難理解為何孝道的實踐一定要這樣安排。如果我們不這樣安排，難道就不可以嗎？從今天的實踐來看，我們發現不這樣安排也可以。例如有關返主儀式的安排就不是必然的。對基督徒而言，人死了以後透過基督教的禮拜儀式送走亡者就是一種孝順的表現。在安葬完畢之後，家屬實在沒有必要將亡者的神主牌位迎回家中祭祀。因為，亡者的靈魂已經進入上帝的國度。因此，傳統禮俗的殯葬生死觀就必須解釋為什麼孝道的實踐非這樣安排不可？

為了解釋這種安排的必然性，我們需要深入這種安排的目的。對我們而言，傳統禮俗的殯葬生死觀這樣的安排當然不只是為了孝道的實踐，更是為了維持父母子女的關係。如果人死之後就像基督徒所做那樣，那麼這樣的親情關係就會無法維持下去。因為，對基督徒而言，他日在天國相見彼此的關係不再是父母子女而是弟兄姐妹。所以，為了維持既有的關係，傳統

禮俗的殯葬生死觀就要安排返主的儀式,讓亡者成為祖先繼續
祭祀下去。這麼一來,父母子女的關係就不會因著死亡的來臨
而被改變[5]。根據這樣的解釋,我們就可以把傳統禮俗的殯葬生
死觀重新界定為「藉由親情關係的維繫來處理殯葬事物的生死
知識系統」。

 ## 第三節　傳統禮俗的殯葬生死觀的內容

　　在討論過傳統禮俗的殯葬生死觀的意義之後,我們接著討
論傳統禮俗的殯葬生死觀的內容。那麼,這樣的內容要討論什
麼呢?就我們的了解,這樣的內容主要包括三個部分:第一個
是與生命有關的部分;第二個是與死亡有關的部分;第三個是
與生命和死亡關係有關的部分。以下,我們分別討論。

　　首先,我們討論第一個部分。對傳統禮俗的殯葬生死觀而
言,它認為生命是什麼呢?它不像基督宗教的殯葬生死觀那
樣,認為生命是來自於天主或上帝的創造,也不像佛教的殯葬
生死觀那樣,認為生命是來自於自己造業的結果。對它而言,
所謂的生命就是來自於上天所生。那麼,它為什麼會有這樣的
想法?其中,最主要的依據來自於親情的體驗。在親情的體驗
中,它發現生命是由父母所生,而父母又是由他們的父母所

---

[5] 同註4,頁963-964。

生。透過這種從出和所從出的關係的體悟，最後它發現生命是來自於天地所生。因此，過去才有「天地之大德曰生」的說法[6]。

在了解生命的來源之後，我們進一步討論生命的意義。對它而言，我們的存在和動物不一樣。動物是只要活著就可以，而人不能只是活著。人除了活著以外，還要做一些有意義的事情。對它而言，這種有意義的事情不是任意的事情，而是有特定內容的事情。那麼，這種事情是什麼呢？就它而言，這種事情就是透過親情關係所體驗到的事情。換句話說，就是從孝順父母出發的事情。根據這樣的起點，它認為人一生所要完成的事情就是這種親情的關係。如果一個人一生當中都可以把這樣的事情做得很好，那麼他不僅是孝順的，也是有道德的。相反地，如果一個人一生當中沒有辦法把這樣的事情做好，那麼他不僅不孝，也是沒有道德的。所以，一個人一生是否過得有意義就要看他是否過得孝順和有道德。

可是，無論一個人一生怎麼過，除了這一生之外，他是否還有其他世的生命呢？對它而言，生命只有一世再也沒有其他世的生命了。那麼，為什麼它會這麼認為呢？這是因為它認為生命是父母子女關係的傳承。既然是父母子女關係的傳承，那麼生命如果有很多世，這種關係的傳承就會被改變。為了避免

---

[6] 請參見尉遲淦著（2015）。〈善終觀點下的儒家生死觀〉。《應用倫理評論》，第59期，2015年10月，頁74。

改變的發生，它認為生命只有一世就夠了。不過，這不表示生命在一世之後就消失了。對它而言，生命在一世之後還繼續存在。因為，只有繼續存在的生命才能讓這樣的關係傳承維持下去。因此，生命在一世之後就成為祖先存在在道德的永恆國度。

其次，我們討論第二個部分。對傳統禮俗的殯葬生死觀而言，死亡不像科學的殯葬生死觀所認為那樣，代表一切的結束。相反地，它認為在結束的同時又開啟了傳承的希望。那麼，為什麼它會這樣認為呢？這是因為死亡雖然終結了一個人的生命，卻讓他的後代繼續延續他的生命。就是這種生命的延續，讓傳統禮俗的殯葬生死觀不把死亡看成是一切的終結，而把死亡看成是生命藉由傳承得以進一步延續的契機。

不過，死亡雖然不代表一切的結束，而是生命經由傳承得以進一步延續的契機，但是死亡畢竟是一種結束，在這種結束之後生命就消失了。生命既然消失了，在消失之後，它代表的是暫時的消失還是永恆的消失？如果是永恆的消失，那麼就算在人間生命得以經由傳承延續下去，這種延續也只是斷頭的延續，對於當事人而言，這種延續也與他無關。如果這種延續要與他有關，那麼他就不能永遠消失。換句話說，他在死亡之後還要繼續存在。唯有在他繼續存在的情況下，這種因著傳承所產生的延續才會對他有意義。因此，死亡不僅代表這一生的結

束，更代表他成為祖先的永恆生命的開始[7]。

最後，我們討論第三部分。那麼，對傳統禮俗的殯葬生死觀而言，生命和死亡的關係又如何？從上述的討論可知，生命和死亡的關係不但不是對反的，還是延續的。只是這種延續和基督宗教的殯葬生死觀、佛教的殯葬生死觀、道教的殯葬生死觀都不一樣。對上述的三種殯葬生死觀而言，這種延續只是生命的延續，而不是關係的延續。相反地，對傳統禮俗的殯葬生死觀而言，這種延續剛好是關係的延續。如果不是關係的延續，那麼父母子女的關係就會隨著死亡的來臨而改變，像上述那三種殯葬生死觀所說那樣，不是變成弟兄姐妹就是變成其他各種可能的關係，不再是父母子女的關係。

可是，要維持這種關係的延續也沒有那麼簡單，好像只要是父母子女就一定可以維持住這種關係。實際上，要維持住這種關係是有條件的。對它而言，這種條件就是父母子女要像父母子女。講得清楚一點就是，父母子女各有各的責任要完成。例如身為父母的人除了要把自己的一生過好外，還要做為孩子的榜樣，把孩子培養好，讓孩子不會成為社會的負擔。至於身為子女的人除了要孝順父母之外，更要把自己的一生過好，讓父母覺得有這樣的孩子真好。當這一切的條件都具足時，這種關係就可以維持得住。也就是說，在這種情況下，父母死的時

---

[7] 同註6，頁74-75。

候就可以因著滿足上述的條件而有資格回去面見祖先，進而成為祖先。否則，在資格不合的情況下，父母就算死了也不會有機會可以回去面見祖先，更不要說成為祖先了。由此可見，人死了以後想要變成什麼樣子就要看他在活著的時候用什麼樣子活著[8]。

 ## 第四節　對傳統禮俗的殯葬生死觀的一些省思

在了解了傳統禮俗的殯葬生死觀的內容之後，我們最後要對傳統禮俗的殯葬生死觀做一些省思。那麼，為什麼我們要對它做省思呢？其中，最主要的理由是我們希望對它有更明確的了解。如果我們沒有做這樣的省思，那麼對它的了解就會止於它所呈現出來的部分。至於沒有呈現出來的部分，我們就不知道應該如何去了解了。所以，為了能夠真正了解它的內容，我們需要進一步省思它的方法部分和內容部分。

首先，我們從方法的部分開始省思起。就方法的部分而言，我們發現傳統禮俗的殯葬生死觀和上述幾種殯葬生死觀都不一樣。就上述幾種殯葬生死觀而言，有的強調天啟，有的強調證悟。例如基督宗教的殯葬生死觀和道教的殯葬生死觀就強調天啟，而佛教的殯葬生死觀和道教的殯葬生死觀就強調證

---

[8] 同註6，頁75-76。

悟。不過,無論強調哪一種,如果我們本身沒有這樣的經驗,那麼就可能無法接受這樣的說法。因此,在面對爭議時,我們很難用自己相信的說法去說服別人。可是,傳統禮俗的殯葬生死觀就不一樣。它所強調的方法既不是天啟,也不是證悟,而是人人都有的日常經驗,也就是對親情的體會。只要一個人對親情有所體會,那麼他就可以感受到這種殯葬生死觀的真實性。

雖然如此,我們認為這樣的方法還是有它的問題存在。例如我們怎麼從父母子女的親情關係深入到人與天地的關係,甚至於認定這樣的關係就是所謂的道德關係?雖然在此我們可以用感通來說明,但是不見得人人都會有這樣的感通。因此,我們很難完全說服別人。不過,幸好問題的重點不在這裡。只要相信它的人願意用自己的生命去驗證,那麼他就可以發現這樣的說法是可以安頓他的生死。既然可以安頓他的生死,那麼這樣的說法就是真實的。即使他人認為這樣的說法根本不可信,說真的,這樣的認定一點也不會影響到他。因為,他在意的是他的生死有沒有得到真正的安頓,而不是客觀真假的問題。

其次,我們省思內容的部分。就內容的部分而言,我們發現傳統禮俗的殯葬生死觀只說明了人死了以後如果資格符合,那麼就可以面見祖先而成為祖先。可是,對於那一些死後資格不合的人會去哪裡,它並沒有進一步的說明。但是,對我們而言,這是一個很重要的問題。因為,如果死後資格不合並不會

影響他的去處，那麼一生努力實踐道德讓自己資格符合就沒有意義。所以，在資格不合的情況下不能讓他回到祖先那一邊進而成為祖先。既然如此，那麼他會去哪裡呢？如果我們希望他的去處具有懲罰性，那麼這樣的去處就必須像其他幾種殯葬生死觀那樣做系統的安排。否則，我們還是無法了解他的去處為何？

除了這個問題外，我們還要進一步問祖先所在的國度是怎麼樣的國度？雖然我們已經說它是個道德的國度。問題是，這個道德的國度到底長什麼樣子？說真的，我們還是沒有一個具體的概念。像上述幾種殯葬生死觀都很明確地指出它們的永恆國度是長什麼樣子，甚至於都有系統具體的描述。所以，如果我們希望讓一般人對於祖先的國度有個清楚的認識，那麼就必須進一步具體系統地說明祖先國度的相關內容。否則，在一切不清楚的情況下，傳統禮俗的殯葬生死觀就會失去它應有的吸引力，慢慢地只被看成是一種哲學思想，而無法產生真正安頓生死的效用。

參考文獻

內政部編印（1994）。《禮儀民俗論述專輯——喪葬禮儀篇》。台北市：
　　內政部。

李民鋒總編輯（2014）。《台灣殯葬史》。台北市：中華民國殯葬禮儀協
　　會。

姜守誠著（2007）。《太平經研究——以生命為中心的綜合考察》。北京
　　市：社會科學文獻出版社。

星雲大師編著（1997）。《佛教（七）儀制》。高雄縣：佛光出版社。

徐福全著（1999）。《台灣民間傳統喪葬儀節研究》。台北市：徐福全。

尉遲淦著（2003）。〈試比較佛教與基督宗教對超越生死的看法〉。
　　《2003年全國關懷論文研討會論文集》。高雄市：輔英科技大學人文
　　與社會學院。

尉遲淦著（2003）。《禮儀師與生死尊嚴》。台北市：五南圖書出版股份
　　有限公司。

尉遲淦著（2009）。《殯葬臨終關懷》。新北市：威仕曼文化事業股份有
　　限公司。

尉遲淦著（2011）。《禮儀師與殯葬服務》。新北市：威仕曼文化事業股
　　份有限公司。

尉遲淦著（2013）。〈從儒家觀點省思殯葬禮俗的重生問題〉。《儒學的
　　當代發展與未來前瞻——第十屆當代新儒學國際學術會議論文集》。
　　深圳市：深圳大學。

尉遲淦著（2014）。〈科學的生死觀及其限度〉。2014輔英通識嘉年華學
　　術研討會——通識學術理論類與教學實務類研討會。高雄市：輔英科
　　技大學共同教育中心。

尉遲淦著（2015）。〈善終觀點下的儒家生死觀〉。《應用倫理評論》，
　　第59期，2015年10月，頁1-24。

尉遲淦編著（2007）。《生命倫理》。台北市：華都文化事業有限公司。

傅偉勳著（1993）。《死亡的尊嚴與生命的尊嚴——從臨終精神醫學到現代生死學》。台北市：正中書局。

智敏・慧華金剛上師（1991）。《往生之鑰——超越生死之道》。台北市：諾那・華藏精舍。

楊炯山先生著（1998）。《喪葬禮儀（增訂本）》。新竹市：竹林書局。

劉治平著（1989）。《哀慟的人有福了》。香港九龍：基督教文藝出版社。

鄭志明、尉遲淦著（2008）。《殯葬倫理與宗教》。台北市：國立空中大學。

錢玲珠著（2001）。〈歸根——天主教的生死觀與殯葬禮〉。《社區發展季刊》，第96期，2001年12月，頁23-29。

生命關懷事業叢書

殯葬生死觀

作　　　者／尉遲淦
出 版 者／揚智文化事業股份有限公司
發 行 人／葉忠賢
總 編 輯／閻富萍
特約執編／鄭美珠
地　　　址／新北市深坑區北深路三段 260 號 8 樓
電　　　話／(02)8662-6826
傳　　　真／(02)2664-7633
網　　　址／http://www.ycrc.com.tw
E-mail ／service@ycrc.com.tw
I S B N ／978-986-298-252-5
初版一刷／2017 年 3 月
定　　　價／新台幣 250 元

國家圖書館出版品預行編目資料

殯葬生死觀 / 尉遲淦著. -- 初版. -- 新北
市 : 揚智文化, 2017.03
面；　公分. -- (生命關懷事業叢書)

ISBN　978-986-298-252-5（平裝）

1.殯葬業 2.生死觀

489.66　　　　　　　　　106003292